Robert Wellhausen

Quantifizierung von Proteinen mittels Protein Microarrays

Robert Wellhausen

Quantifizierung von Proteinen mittels Protein Microarrays

Südwestdeutscher Verlag für Hochschulschriften

Impressum / Imprint
Bibliografische Information der Deutschen Nationalbibliothek: Die Deutsche Nationalbibliothek verzeichnet diese Publikation in der Deutschen Nationalbibliografie; detaillierte bibliografische Daten sind im Internet über http://dnb.d-nb.de abrufbar.
Alle in diesem Buch genannten Marken und Produktnamen unterliegen warenzeichen-, marken- oder patentrechtlichem Schutz bzw. sind Warenzeichen oder eingetragene Warenzeichen der jeweiligen Inhaber. Die Wiedergabe von Marken, Produktnamen, Gebrauchsnamen, Handelsnamen, Warenbezeichnungen u.s.w. in diesem Werk berechtigt auch ohne besondere Kennzeichnung nicht zu der Annahme, dass solche Namen im Sinne der Warenzeichen- und Markenschutzgesetzgebung als frei zu betrachten wären und daher von jedermann benutzt werden dürften.

Bibliographic information published by the Deutsche Nationalbibliothek: The Deutsche Nationalbibliothek lists this publication in the Deutsche Nationalbibliografie; detailed bibliographic data are available in the Internet at http://dnb.d-nb.de.
Any brand names and product names mentioned in this book are subject to trademark, brand or patent protection and are trademarks or registered trademarks of their respective holders. The use of brand names, product names, common names, trade names, product descriptions etc. even without a particular marking in this works is in no way to be construed to mean that such names may be regarded as unrestricted in respect of trademark and brand protection legislation and could thus be used by anyone.

Coverbild / Cover image: www.ingimage.com

Verlag / Publisher:
Südwestdeutscher Verlag für Hochschulschriften
ist ein Imprint der / is a trademark of
OmniScriptum GmbH & Co. KG
Heinrich-Böcking-Str. 6-8, 66121 Saarbrücken, Deutschland / Germany
Email: info@svh-verlag.de

Herstellung: siehe letzte Seite /
Printed at: see last page
ISBN: 978-3-8381-3829-9

Zugl. / Approved by: Berlin, Freie Universität, Diss., 2013

Copyright © 2014 OmniScriptum GmbH & Co. KG
Alle Rechte vorbehalten. / All rights reserved. Saarbrücken 2014

"You cannot teach a man anything; you can only help him discover it in himself."

- Galileo Galilei (1564 – 1642)

Danksagung

An dieser Stelle möchte ich mich bei allen Menschen bedanken, die diese Arbeit erst möglich gemacht haben. Zu aller erst möchte ich mich bei Prof. Dr. F. Bier bedanken. Durch die freundliche Aufnahme in seiner Abteilung hatte ich die Möglichkeit diese Arbeit unter den denkbar besten Bedingungen anfertigen zu können. Frau Prof. Dr. P. Knaus möchte ich nicht nur für die Übernahme des Gutachtens danken, sondern auch für ihre unermüdlichen Bemühungen bei der Betreuung ihrer Doktoranden, etlichen Ratschlägen und Anmerkungen. Ein besonderer Dank gilt meinem Freund und Mentor Dr. habil. H. Seitz. Er gab mir die Möglichkeit diese Doktorarbeit zu beginnen, wo andere nicht an mich geglaubt haben. In all den Jahren konnte ich mich sowohl auf seinen Rat als auch auf die tatkräftige Umsetzung stets verlassen. Des Weiteren möchte ich mich bei den Mitgliedern der AG Seitz bedanken. Wie es so oft der Fall ist, ist das Arbeiten an einer Doktorarbeit mit einem guten Team um einiges leichter. Katja möchte ich für ihre Hilfe bei organisatorischen Dingen und biologischen Fragestellungen danken; Sarah für etliche vergnügte Stunden im Labor und der Hilfe den Alltag im Labor zu meistern. Ohne die Hilfe der beiden, wäre meine Arbeit wohl um Längen chaotischer geworden. Ebenfalls möchte ich mich bei allen Masteranden und Studenten der Arbeitsgruppe bedanken. Auch wenn nicht immer alles glatt lief haben mir alle geholfen ein großes Stück zu wachsen – menschlich und beruflich. Durch die großartige Zusammenarbeit mit Prof. Dr. F. Herberg und seiner Arbeitsgruppe konnte ich mir neues Wissen aneignen und so einen großen Schritt in die richtige Richtung machen. Dr. Mandy Diskar gilt ein besonderer Dank für ihre enorme Hilfe bei allen Fragestellungen rund um den PKA Signaltransduktionsweg. Ein großer Dank gebührt auch zwei Firmen, die mich immer Tatkräftig unterstützt haben – M2 Automation und Microdiscovery; Dr. E. Norhoff für sein unschätzbares Wissen rund um alle Spotterangelegenheiten, Dr. F. Kleinjung und Dr. J. Schuchhardt für ihre Hilfe bei allen mathematischen Fragestellungen. Da die Liste der Leute bei denen ich mich noch bedanken möchte nicht zu enden scheint, kann und möchte ich hier nur noch einige Namen nennen: Beate Morgenstern, Michaela Schellhase, Dirk Michel, Matthias Grießner, Kai Wunderlich, Henry Memczak, Martina Obry, Sebastian Hoppe und Dr. Markus von Nickisch-Rosenegk. Ein einfacher Dank reicht nicht aus um auszudrücken, was meine Eltern für mich getan haben. Ohne die Unterstützung meiner Eltern wäre ich nie so weit gekommen – weder beruflich noch privat. Ebenfalls möchte ich mich bei meinen Schwiegereltern bedanken, die in allen Lebenslagen immer ein offenes Ohr für mich haben. Ich möchte mich an dieser Stelle bei einem ganz besonderen Menschen bedanken – meiner Frau Tanja Wellhausen. Sie hat mich nicht nur unterstützt sondern auch aufgebaut wenn ich dachte, es geht einfach nicht mehr weiter. Dank ihr weiß ich, dass kein Problem zu groß ist, um gelöst zu werden – wir sind ein super Team. Als letztes möchte ich mich bei meiner Tochter Philine Marie Wellhausen bedanken. Durch sie habe ich gelernt, dass ein einfaches Lächeln ausreicht um die größten Sorgen zu vergessen und sich auf das zu konzentrieren was am wichtigsten ist – die eigene Familie!

Inhaltsverzeichnis

Tabellenverzeichnis i
Abbildungsverzeichnis iii
Abkürzungsverzeichnis v
1 Einleitung 1
   1.1 Methodik 5
   1.2 Microarrayformate 14
      1.2.1 Antikörper- / Aptamerarrays 18
      1.2.2 Peptidmicroarrays 20
      1.2.3 Reverse Phase Protein Microarrays 23
   1.3 Validierung der Antikörper und Detektion 26
2 Material und Methoden 30
   2.1 Material 30
      2.1.1 Chemikalien und Lösungsmittel 30
      2.1.2 Zellkulturlinien 32
      2.1.3 Bakterienstamm 32
      2.1.4 Verbrauchsmaterialien und Geräte 33
      2.1.5 Software 35
      2.1.6 Antikörper 35
      2.1.7 Puffer 36
   2.2 Methoden 40
      2.2.1 Zellkultur 40
      2.2.2 Zelllyse 41
      2.2.3 Antikörpervalidierung 41
      2.2.4 Natriumdodecylsulfat-Polyacrylamidgelelektrophorese (SDS-PAGE) ... 44
      2.2.5 Western Blot 47
      2.2.6 Immunopräzipitation 49
      2.2.7 Assay mit Bicinchoninsäure (BCA) 49
      2.2.8 Bradford 50
      2.2.9 Electrophoretic Mobility Shift Assay (EMSA) 51
      2.2.10 Überexpression und Aufreinigung von CREB 52

2.2.11 *in vitro* Phosphorylierung von CREB 53
2.2.12 Benzonaseverdau der Zelllysate 53
2.2.13 Herstellung der Reverse Phase Protein Microarrays 54
2.2.14 Herstellung der Epoxy beschichteten Slides 56
2.2.15 Handhabung der Epoxy beschichteten Slides 57
2.2.16 Handhabung der Nitrozellulose beschichteten Slides 58
2.2.17 Epicocconone Färbung 59
2.2.18 Datenanalyse und Normierung der Daten 59

3 Ergebnisse 62
  3.1 Zellkultur, Signaltransduktion, Zellaufschluss und Quantifizierung der Lysate 62
    3.1.1 Zellkultur 62
    3.1.2 Untersuchung der Lyseeffizienz beim Zellaufschluss 64
    3.1.3 Signaltransduktion 69
  3.2 Antikörpervalidierung und Herstellung der Kontrollen 71
    3.2.1 Positivkontrollen 72
    3.2.2 Immunopräzipitation zur Antikörpervalidierung unter nativen Bedingungen 75
    3.2.3 EMSA Experimente zur Konformationsuntersuchung der Proteine 77
    3.2.4 Western Blots zur Antikörpervalidierung 81
  3.3 Herstellen von Reverse Phase Microarrays 83
    3.3.1 Spotten von Zellextrakt 86
    3.3.2 Benzonaseverdau der Lysate 87
    3.3.3 Auswahl der Slides und Optimierung der Inkubationsbedingungen 88
  3.4 Auswerten der Microarraydaten 108
    3.4.1 Donutstrukturen auf RPMAs 108
    3.4.2 Normalisierung der Proteinkonzentrationen mittels Epicocconone-Färbung 110
    3.4.3 Autofluoreszenz der Lysate auf dem RPMA 112
    3.4.4 Reproduzierbarkeit der Positivkontrollen auf dem RPMA 114
  3.5 Signaltransduktion auf RPMAs 116

4 Diskussion 120
  4.1 Zellkultur, Signaltransduktion, Zellaufschluss und Quantifizierung der Lysate 120
  4.2 Antikörpervalidierung und Herstellung der Kontrollen 122

4.3	Herstellen von Reverse Phase Microarrays	124
4.4	Auswerten der Microarraydaten	130
4.4.1	Massentransport	132
4.4.2	Normalisierung der Microarraydaten	133
4.5	Signaltransduktion auf RPMAs	133
5	Zusammenfassung in Deutsch	135
6	Zusammenfassung in Englisch	137
7	Literaturverzeichnis	139
8	Verzeichnis der erfolgten Publikationen	146
9	Lebenslauf	148
10	Anhang	149

Tabellenverzeichnis

Tabelle 1: Liste der verwendeten Chemikalien und Lösungsmittel. Zu allgemeinen Chemikalien zählen u.a. Natriumchlorid und Kaliumhydrogenphosphat und weitere. Diese wurden von der Firma Merck bezogen 30

Tabelle 2: Verwendete Zelllinien und deren Ursprung 32

Tabelle 3: Verwendeter Bakterienstamm und Plasmid 32

Tabelle 4: Liste der benutzten Geräte und Verbrauchsmaterialien 33

Tabelle 5: Liste der verwendeten Software 35

Tabelle 6: Liste der verwendeten Antikörper 35

Tabelle 7: 10 % SDS-Lösung 36

Tabelle 8: CCE Puffer 36

Tabelle 9: 10 X PBS Puffer (pH 7,2-7,4) 37

Tabelle 10: 1 X PBS-T 37

Tabelle 11: 10 X PBS Puffer (pH 7,2-7,4) 37

Tabelle 12: Blotting Puffer 38

Tabelle 13: 10 X TBS-T Puffer 38

Tabelle 14: 10 % Milchpulver Lösung zum blocken 38

Tabelle 15: Coomassie-Färbelösung 38

Tabelle 16: 1 % Bromphenolblau 38

Tabelle 17: 1,0 M Tris (pH 6,8) 39

Tabelle 18: 1,5 M Tris (pH 8,8) 39

Tabelle 19: 5 X SDS-Laufpuffer 39

Tabelle 20: Lösungen zum Herstellen von Tris-Glycin SDS-Polyacrylamid Trenngelen. (modifiziert nach [56]) 45

Tabelle 21: Lösungen zur Präparation eines Tris-Glycin SDS-Polyacrylamid Sammelgels. (modifiziert nach [56]) 46

Tabelle 22: Benzonaseverdau der Zelllysate 53

Tabelle 23: Übersicht der einzelnen Protokolloptimierungen. 92

Tabelle 24: Initiales Experiment; Rohdaten (FKS) zur Abbildung 50: Forskolin-Stimulierung von COS-7 Zellen über einen Zeitraum von 45 Minuten. 150

Tabelle 25: Initiales Experiment; Rohdaten (Iso) zur Abbildung 51: Isoproterenol Stimulierung von COS-7 Zellen über einen Zeitraum von 45 Minuten. 153

Tabelle 26: Experiment nach 8 Wochen; Rohdaten (FSK) zur Abbildung 50: Forskolin-Stimulierung von COS-7 Zellen über einen Zeitraum von 45 Minuten. 156

Tabelle 27: Experiment nach 8 Wochen; Rohdaten (Iso) zur Abbildung 51: Isoproterenol Stimulierung von COS-7 Zellen über einen Zeitraum von 45 Minuten. 159

Tabelle 28: Experiment nach 12 Wochen; Rohdaten (FSK) zur Abbildung 50: Forskolin-Stimulierung von COS-7 Zellen über einen Zeitraum von 45 Minuten. 162

Tabelle 29: Experiment nach 12 Wochen; Rohdaten (Iso) zur Abbildung 51: Isoproterenol Stimulierung von COS-7 Zellen über einen Zeitraum von 45 Minuten. 165

Abbildungsverzeichnis

Abbildung 1: PKA Signaltransduktionsweg. 3
Abbildung 2: MALDI-TOF Massenspektroskopie. 6
Abbildung 3: Schematische Darstellung des BRET Assays. 8
Abbildung 4: Schematische Darstellung einer immunhistochemischen Färbung 10
Abbildung 5: Piezoelektrischer Effekt. 11
Abbildung 6: Magnetventil. 12
Abbildung 7: Übersicht über die verschiedenen Microarray-Arten. 15
Abbildung 8: Deskriptive Grafik zum Aufbau eines Microarrays. 17
Abbildung 9: Übersicht eines Peptid Microarrays. 20
Abbildung 10: Herstellung von Reverse Phase Protein Microarrays. 23
Abbildung 11: Validierungsschema von Antikörpern für Microarrays. 42
Abbildung 12: Schematische Darstellung zur Herstellung von Western Blots. 48
Abbildung 13: Ablauf einer Immunpräzipitation. 49
Abbildung 14: Schematische Darstellung eines elektrophoretischen Mobilitätsshift Assays.. 51
Abbildung 15: Schematische Darstellung der Eckpunktmarker. 55
Abbildung 16: Schematischer Aufbau des SciFLEXARRAYERs S5. 56
Abbildung 17: Anlage zur automatisierten Inkubation von Slides. 57
Abbildung 18: Unterschiedliche Kammersysteme zur Slideinkubation. 58
Abbildung 19: Berechnung des lokalen Hintergrundsignals. 60
Abbildung 20: Morphologische Veränderungen der F11 Zelllinie in 10 Tagen. 63
Abbildung 21: Zeitlicher Ablauf der Lyse von HEK293 Zellen. 65
Abbildung 22: Unterschiedliche Proteinkonzentration der Zelllysate. 66
Abbildung 23: Bradford (links) und BCA (rechts) – Standardreihe. 67
Abbildung 24: Konzentrationsbestimmung der Lysate mittels Bradford (links) und BCA (rechts). 68
Abbildung 25: Stimulierungsexperimente mit HEK293 und F11 Zellen. 70
Abbildung 26: SDS PAGE der CREB Aufreinigung. 73
Abbildung 27: Western Blot der Positivkontrollen. 73
Abbildung 28: Immunpräzipitation mit wt-CREB und Lysat. 76
Abbildung 29: EMSA mit wt-CREB. 78
Abbildung 30: EMSA mit Lysat. 79
Abbildung 31: Western Blots der in Microarrayexperimenten verwendeten Antikörper. 81
Abbildung 32: SciFLEXARRAYER S5. 83
Abbildung 33: Spottingverhalten von Lysat in einer Verdünnungsreihe. 87
Abbildung 34: Spottingverhalten mit und ohne Benzonaseverdau. 88

Abbildung 35: Oberflächenplot nach Inkubation mit dem FAST-Frame Kammersystem. 90
Abbildung 36: FAST-Slides vor und nach dem blockieren. 94
Abbildung 37: Vergleich der Autofluoreszenz zwischen Epoxy und Nitrozellulose Slide. 96
Abbildung 38: Oberflächenplot nach Inkubation mit dem Agilent Kammersystem. 98
Abbildung 39: SNR-Vergleich des epoxybeschichteten Slides. 99
Abbildung 40: Oberflächenplot nach Inkubation mit dem automatisierten Slidehandling System. 101
Abbildung 41: Vergleich verschiedener Slides anhand ihres Signal-zu-Rauschen Verhältnisses. 103
Abbildung 42: Vergleich verschiedener Slides anhand ihrer Bindekapazität. 104
Abbildung 43: Dynamischer Bereich der Eckpunktmarker auf einem Microarray. 106
Abbildung 44: Stimulation von COS-7 Zellen mit Isoproterenol; RPMA Auswertung. 107
Abbildung 45: Querschnitt eines Features – Median vs. Mittelwert. 109
Abbildung 46: Reproduzierbarkeit der Epicoccononefärbung. 111
Abbildung 47: Autofluoreszenz der Lysate. 113
Abbildung 48: Reproduzierbarkeit der Positivkontrollen mit dem pCREB AK. 114
Abbildung 49: Reproduzierbarkeit der Positivkontrollen mit dem PKA-Substrat AK. 115
Abbildung 50: Forskolin-Stimulierung von COS-7 Zellen über einen Zeitraum von 45 Minuten. 117
Abbildung 51: Isoproterenol Stimulierung von COS-7 Zellen über einen Zeitraum von 45 Minuten. 119
Abbildung 52: Nitrozellulosebschichtung von Microarrays. 126
Abbildung 53: Epoxybeschichtung von Microarrayslides. 127

Abkürzungsverzeichnis

Abkürzung	Erklärung
AK	Antikörper
ATP	Adenosintriphosphat
ATPγS	Adenosintriphosphat Gamma S
BCA	Bicinchoninsäure
BSA	Bovine Serum Albumin
cAMP	cyclisches Adenosin Monophosphat
CCD	Charge-Coupled Device
CRE	cAMP Response Element
CREB	cAMP Response Element Binding Protein
dH_2O	destilliertes Wasser
DMEM	Dulbecco's modified Eagle's Medium
DNA	Desoxyribonukleinsäure
ELISA	Enzyme-Linked Immunosorbent Assay
FKS	Fötales Kälberserum
GPCR	G Protein Coupled Receptor
HAT	Hypoxanthin, Aminopterin, Thymidin
HPACC	Health Protection Agency Culture Collections
HPRT	Hypoxanthin - Phosphoribosyltransferase
IP	Immunopräzipitation

ivD	*in vitro* Diagnostik
M-PER	Mammalian Protein Extraction Reagent
MS	Massenspektroskopie
MTP	Multititerplatte
OD	optische Dichte
PBS	Phosphate Buffered Saline
PBS-T	Phosphate Buffered Saline - Tween
PCR	Polymerase Chain Reaction
Pen / Strep	Penicillin / Streptomycin
PKA	Protein Kinase A
PNBM	p-Nitrobenzylmesylat
qPCR	Quantitative Polymerase Chain Reaction
R&D	Research and Development
RGS	Arginin, Glycin, Serin
rpm	Rounds per Minute (Umdrehungen pro Minute)
RPMA	Reverse Phase Protein Microarray
RT-PCR	Reverse Transkriptase Polymerase Chain Reaction
SDS-PAGE	Natriumdodecylsulfat-Polyacrylamidgelelektrophorese
SNR	Signal-to-Noise Ratio
SPR	Surface Plasmon Resonance

TBS	Tris Buffered Saline
TBS-T	Tris Buffered Saline - Tween
TEMED	Tetramethylethylendiamin
TRIS	Tris(hydroxymethyl)-aminomethan
wt-CREB	Wildtyp CREB

1 Einleitung

Im Gegensatz zum Genom, unterliegt das Proteom von Organismen größeren Schwankungen. Eine Mutation im Genom bzw. in einem Gen hat nicht immer eine Auswirkung auf das Proteom. Das liegt daran, dass eine Aminosäure durch mehrere Codons kodiert wird und eine Mutation somit nicht zwangsläufig zum Austausch einer Aminosäure führt. Das Proteom hingegen variiert nicht nur von Organismus zu Organismus, sondern auch zwischen verschiedenen Geweben und innerhalb eines Gewebes/Organs von Zelle zu Zelle. Grund hierfür sind unter anderem unterschiedliche Splicevarianten und posttranslationale Modifikationen. Diese Modifikationen werden nach erfolgter Transkription und Translation an die Proteine hinzugefügt und erhöhen so die Diversität der Proteine um ein Vielfaches [1]. Posttranslationale Modifikationen sind zeitlich begrenzt, sehr dynamisch und abhängig vom Zellzyklus oder externen Stimuli und beeinflussen die Proteinzusammensetzung einer Zelle [2]. Äußere Faktoren (Stimuli) haben einen Einfluss auf die Proteinzusammensetzung einer Zelle. Inzwischen sind mehr als ~300 verschiedene posttranslationale Modifikationen (PTMs) bekannt [3], jedoch spielt nur ein Bruchteil dieser Modifikationen bei regulatorischen Prozessen eine Rolle [4]. Vergleicht man beispielsweise das Genom mit dem daraus resultierendem Proteom bei Mäusen, konnte gezeigt werden, dass die Korrelation aller zur Messung eingesetzten Peptide und Transkripte eine Übereinstimmung von höchstens ~0,42 ergibt [5]. Somit kann durch Expressionsanalysen nur ein bedingter Rückschluss auf die Proteinzusammensetzung einer Zelle gezogen werden. Im Gegensatz zu Expressionsanalysen sind proteinbasierte Nachweismethoden in der Lage, Änderungen des Proteoms direkt nachweisen zu können [6]. Bevor jedoch ein externer Stimulus ein verändertes Transkriptionsprofil und damit eine Änderung im Proteom hervorruft, muss dieser Reiz durch die Zelle weitergeleitet werden. Dies geschieht unter anderem durch posttranslationale Modifikationen von Proteinen und im Besonderen durch die reversible Phosphorylierung von Proteinen [7].

Ein Beispiel hierfür ist der PKA Signaltransduktionsweg (Abbildung 1). Nach einem externen Stimulus der Zelle wird über einen G-Protein gekoppelten Rezeptor (GPCR), die Adenylylcyclase aktiviert. GPCRs selbst sind Transmembranproteine, bestehend aus sieben Alphahelices. Nach Bindung eines Agonisten wird der Rezeptor aktiviert und ein heterotrimäres Protein an der intrazellulären Membranseite setzt die weitere Signaltransduktionskaskade in Gang [8] und reguliert auf diese Weise die Aktivität der Adenylylcyclase. Durch diese wird intrazelluläres Adenosintriphosphat (ATP) in cyclisches Adenosinmonophosphat (cAMP) umgewandelt. Der externe Stimulus führt zu einer erhöhten Produktion des sekundären Botenstoffs cAMP. Dieses kann wiederum an die vier Bindetaschen der regulatorischen Untereinheiten der Proteinkinase A (PKA) binden. Es sind 4 cyclische Adenosin Monophosphate (cAMP) nötig um die Protein Kinase A (PKA) zu aktivieren [9]. Nach erfolgter Bindung findet eine Dissoziation des Holoenzyms in die regulatorische und die katalytische Untereinheiten statt. Die katalytische Untereinheit ist anschließend in der Lage Zielproteine im Zytosol und im Zellkern zu phosphorylieren. Eines dieser Zielproteine ist der Transkriptionsfaktor CREB (cAMP response element binding protein). Die Phosphorylierung des Transkriptionsfaktors bewirkt unter anderem eine veränderte Interaktion mit Proteinen der RNA Transkription und Histon-modifizierenden Proteinen wie CBP/p300 [10]. Die veränderte Transkriptionsrate führt zu einer Veränderung des Proteoms der Zelle. Involviert in diesen Prozess sind unter anderem Rezeptoren, Kinasen, Phosphatasen, Ionenkanäle und Transkriptionsfaktoren, welche oft nur in geringer Kopienzahl pro Zelle vorkommen [11]. Innerhalb dieser Signaltransduktionskaskade ist eine Proteingruppe von besonderem Interesse: die Kinasen. Durch Kinasen werden Phosphatgruppen auf andere Proteine übertragen und spielen damit eine entscheidende Rolle bei der Weitergabe eines externen Reizes und der Veränderung des Proteoms.

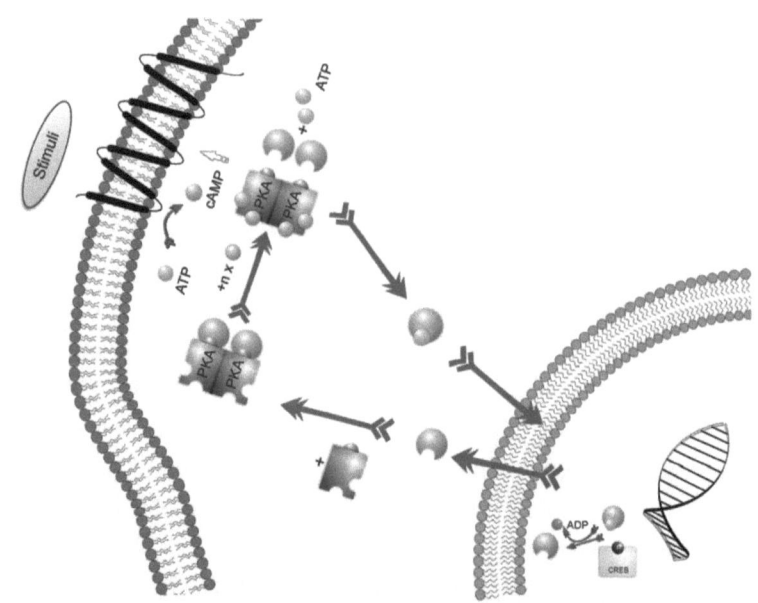

Abbildung 1: PKA Signaltransduktionsweg. Durch einen externen Stimulus wird über einen G-Protein gekoppelten Rezeptor die Adenylylcyclase aktiviert. Diese wandelt ATP in cAMP um. Als sekundärer Botenstoff bindet cAMP and die beiden regulatorischen Untereinheiten der PKA, worauf hin die katalytische Untereinheit dissoziiert. Die Untereinheit wandert dann u.a. in den Zellkern um dort Transkriptionsfaktoren wie z.b. CREB zu phosphorylieren was zu einer veränderten Transkription führt.

Zum Verständnis von Signaltransduktionsevents gehört die Analyse der zeitlichen und räumlichen Dynamik von posttranslationalen Modifikationen. Bei der Signaltransduktion in Zellen ändert sich die absolute Menge an Protein in der Regel nicht, aber das Verhältnis von aktiven (modifiziert) zu inaktiven (unmodifiziert) Proteinen ändert sich. Deswegen ist es von besonderem Interesse diese Änderung der Verhältnisse möglichst genau zu untersuchen. Die Betrachtung relativer Verhältnisse ist auf molekularbiologischer Ebene von besonderem Interesse, z.B. wie viele Moleküle eines Analyten A mit wie vielen Molekülen eines Analyten B in Interaktion treten. Dabei spielt weniger die absolute Anzahl an Molekülen eine Rolle, als die Frage in welchem Verhältnis sich die Interaktionspartner zueinander befinden. Neben der Menge an modifiziertem Protein spielt die zeitliche Reihenfolge bei der Signaltransduktion eine wichtige Rolle. Neben dem in Abbildung 1 stark vereinfacht dargestellten Hauptaktivierungsweg der PKA, werden bei gleicher Stimulierung mehrere Kinasen aktiviert. So wird z.B. die mitogenaktivierte Proteinkinase p38, bei einer Stimulierung von NIH 3T3 Zellen mit Forskolin, phosphoryliert. Im Gegensatz zur Aktivierung der PKA ist der maximale Grad der p38 Phosphorylierung erst erreicht, nachdem das Aktivierungsniveau der PKA bereits zurückgegangen ist [12]. Die Stimulierung von PC12 Zellen mit dem Epidermal Growth Faktor (EGF) und dem Nerve Growth Factor (NGF) resultiert ebenfalls in einer zeitabhängigen Aktivierung von Proteinen die im PKA Signaltransduktionsweg involviert sind. Über einen Stimulierungszeitraum von zwei Stunden zeigt sich bei einer Stimulierung mittels NGF eine erhöhte Phosphorylierung des Transkriptionsfaktors CREB bereits nach 5 Minuten, die über den gesamten Zeitraum der 2 Stunden anhält. Bei der Stimulierung mit EGF ist bereits von Anfang an eine stärkere Phosphorylierung von CREB festgestellt worden, die deutlich schneller auf das Ausgangsniveau zurückgeht [13]. EGF und NGF sind beide Wachstumsfaktoren, welche bei einer Stimulierung aber zu unterschiedlichen Ergebnissen führen. Während EGF das Zellwachstum stimuliert und zur Proliferation der Zellen führt, ist NGF am achsonalen Wachstum beteiligt. Diese beiden Beispiele zeigen, dass es für ein grundlegendes Verständnis wichtig ist, zu verstehen in welcher Reihenfolge und für wie lange bestimmte Proteine modifiziert werden und wieder in den Ausgangszustand gelangen. Zur Analyse von posttranslationalen Modifikationen von Proteinen wurde eine Vielzahl an unterschiedlichsten Nachweismethoden etabliert, von denen einige kurz vorgestellt werden:

(i) Massenspektroskopie
(ii) BRET
(iii) Konvokalmikroskopie
(iv) Reverse Phase Protein Microarrays

1.1 Methodik

(i) Die Massenspektroskopie trennt den Analyten nach dem Masse-zu-Ladung Verhältnis. Dabei wird je nach Art der verwendeten Geräte der Analyt unterschiedlich ionisiert und fragmentiert. Eine in der Proteinanalytik weitverbreitete Methode ist das sogenannte MALDI Verfahren. MALDI steht dabei für „Matrix-assisted laser desorption/ionisation". In diesem Verfahren wird die zu untersuchende Probe mit einer Matrix aus kristallinen Molekülen vermischt. Das Prinzip beruht auf der Kokristallisation des Analyten mit der Matrix. Das Gemisch wird dann auf eine MALDI Oberfläche gebracht (Abbildung 2 (2)) und durch Laserbeschuss ionisiert (Abbildung 2 (1)). Um die Ionen anschließend detektieren zu können, gibt es eine Vielzahl weiterer Methoden. Die am häufigsten zur Detektion von Proteinen eingesetzte Technik ist die sogenannte Time of Flight (ToF) Detektion (Abbildung 2 (4)). Die Bestimmung der Masse erfolgt durch die Messung der Flugzeit einzelner Ionen (Abbildung 2 (5)). Die Masse erlaubt die Identifizierung von Proteinen/Peptiden und deren posttranslationalen Modifikationen. Seit den Anfängen der Massenspektroskopie konnten zunehmend mehr PTMs mittels Massenspektroskopie nachgewiesen werden. So konnte z.B. die quantitative und zeitaufgelöste Analyse von Signaltransduktionskaskaden (nach der Stimulierung mittels EGF) einen Anstieg von Phosphorylierungen innerhalb der ersten 5 Minuten nach Stimulation [14] zeigen. Die Analyse von PTMs mittels MS ist jedoch mit einem hohen Geräteaufwand und hohen Kosten verbunden.

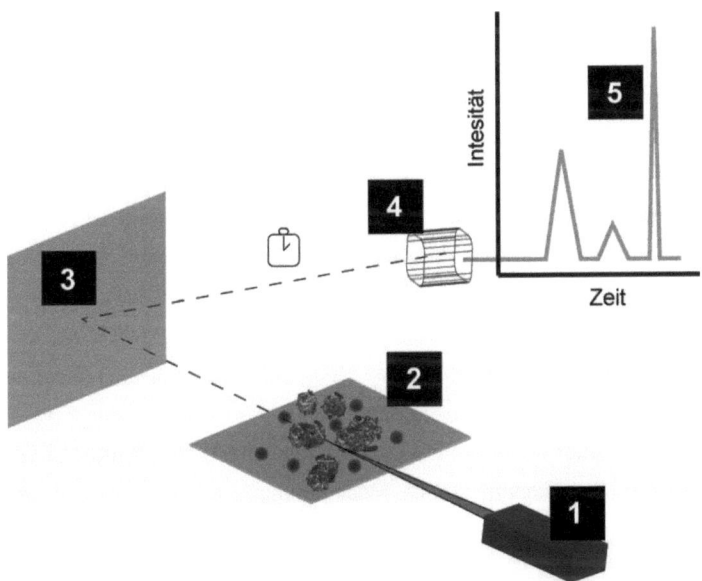

Abbildung 2: MALDI-TOF Massenspektroskopie. (1) Durch einen Laser wird die zu untersuchende Probe (mit kristallinen Molekülen vermischt) auf der (2) MALDI Oberfläche ionisiert. Durch die Umleitung über einen (3) Reflektor wird die Flugzeit der Ionen an einem (4) Detektor bestimmt. Die so ermittelten (5) Spektren geben Aufschluss über die Zusammensetzung der Probe.

(ii) Eine weitere Methode um posttranslationale Modifikationen nachzuweisen ist der Biolumineszenz Resonanz Energie Transfer (BRET). Im Gegensatz zum herkömmlichen Nachweis von PTMs im Western Blot oder mittels MS, kann mittels BRET die Modifizierung *in vivo* und Echtzeit nachvollzogen werden. Die Technik basiert auf dem Energietransfer eines lumineszenten Donormoleküls (meistens die *Renilla* Luciferase; *R*Luc) und einem fluoreszentem Akzeptormolekül (meistens das Grün fluoreszierende Protein; GFP). Dabei ist für den Energietransfer eine räumliche Nähe von <100 Å nötig (1 Å entspricht 100 pm). Modifiziert man ein Zielprotein mit *R*Luc und eine PTM wie Ubiquitin mit GFP kann die Übertragung der Modifikation auf das Zielprotein verfolgt werden. Entfernen sich beide Moleküle nach dem Übertrag der PTM an das Zielprotein wieder voneinander wird das Signal, durch den räumlichen Abstand, schwächer. Dies konnte für die Modifizierung von β-Arrestin und Ubiquitin erfolgreich gezeigt werden (Abbildung 3) [15].

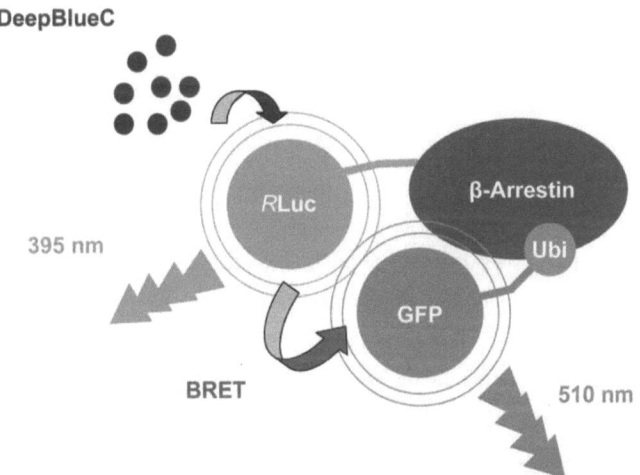

Abbildung 3: Schematische Darstellung des BRET Assays. Dargestellt ist die Ubitinylierung von β-Arrestin. Durch den Substratumsatz, von DeepBlueC, der Luciferase wird blaues Licht (395 nm) emittiert. Sobald β-Arrestin ubitinyliert wird findet ein Energietransfer zwischen RLuc und GFP statt. Dadurch wird Licht mit einem Peak bei 510 nm emittiert. Somit kann die posttranslationale Modifikation in Echtzeit gemessen werden. Grafik modifiziert nach Perroy et al. 2004 [15]

Der Nachweis von PTMs mittels BRET hat den Vorteil, dass die Modifizierung *in vivo* nachvollzogen werden kann, jedoch eignet sich die Methode nur eingeschränkt für Hochdurchsatzmessungen.

(iii) Posttranslationale Modifikationen können auch über die Färbung von Gewebeschnitten nachgewiesen werden. Eine Technik mit der dies möglich ist, ist die konvokale Fluoreszenzmikroskopie. Die Zellen werden stimuliert, meistens mit Formaldehyd fixiert (Abbildung 4 (1)) und anschließend mit spezifischen Antikörpern gegen phosphorylierte Zielproteine angefärbt (Abbildung 4 (2)). Diese Technik hat den Vorteil, dass neben der eigentlichen Ermittlung der PTMs auch eine genaue Lokalisation dieser Proteine möglich ist (Abbildung 4 (3)). Durch den Einsatz eines Konvokalmikroskops gegenüber einem normalen Mikroskop können Effekte wie Fotobleaching (das Verblassen des Fluoreszenzsignals beim Betrachten) vermieden werden. Das Anfärben gesamter Gewebeschnitte ermöglicht z.B. den Nachweis von PTMs in einzelnen Zellen oder Zellpopulationen. So war z.B. der Nachweis von PTMs in mehr als 70.000 individuellen Neuronen möglich. Dadurch können auch sehr heterogene Zellpopulationen untersucht und differenziert werden [16]. Durch den hohen apparativen und experimentellen Aufwand eignet sich diese Methode nur bedingt für Hochdurchsatzmessungen ganzer Signaltransduktionskaskaden.

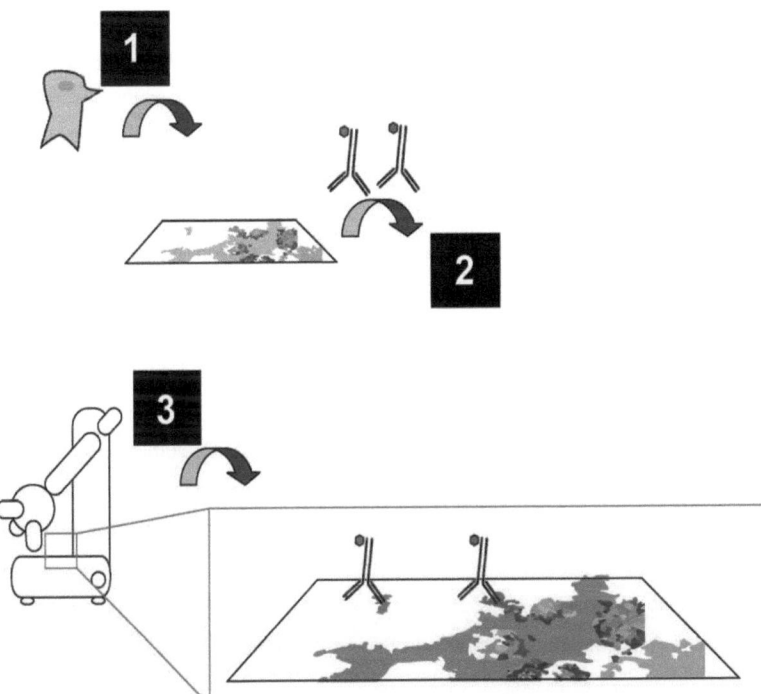

Abbildung 4: Schematische Darstellung einer immunhistochemischen Färbung. (1) Aus u.a. Gewebeproben werden formaldehydfixierte Schnitte hergestellt die dann mit (2) fluoreszenzmarkierten Antikörpern angefärbt werden können. Diese können dann unter einem (3) konvokalen Mikroskop betrachtet und dokumentiert werden. Eine genaue Lokalisation der Zielproteine und eine Zuordnung zu einzelnen Zellkompartimenten sind somit möglich.

(iv) Mittels Reverse Phase Protein Microarrays (RPMA) können ebenfalls PTMs nachgewiesen werden. Da nur ein Bruchteil der gesamten Proteine eines Lysates auf einen Microarray gedruckt wird, muss die Herstellung hochpräzise und der Nachweis äußerst sensitiv sein. Um Microarrays herzustellen, bedient man sich der sogenannten „Spotting Technik". Als "Spotting Technik" wird das kontaktfreie oder kontaktgebundene Aufbringen von diversen Lösungen auf eine Matrix bezeichnet. Eine der ersten Vorrichtungen für das kontaktfreie Aufbringen und Formen von gleichmäßigen Tropfen wurde bereits 1950 von Ennis [17] beschrieben. Damals noch in Form einer Bürette mit einer verjüngten Spitze. Durch das Anlegen von Druck an die Bürette konnten reproduzierbar Tropfen mit einem Außendurchmesser von 400 µm abgegeben werden.

Das kontaktfreie Aufbringen einer Probe geschieht, bei Volumina von wenigen Nanolitern, heutzutage durch sogenannte Piezo-Spotter. Der eigentliche Piezo-Effekt wurde bereits Ende des 19. Jahrhunderts entdeckt. Das Piezoelektrische-Prinzip wurde zuerst genauer von Richard M. Martin [18] beschrieben. Bei diesem Prinzip handelt es sich um die gerichtete Verformung eines Kristalls durch das Anlegen einer elektrischen Spannung (siehe Abbildung 5).

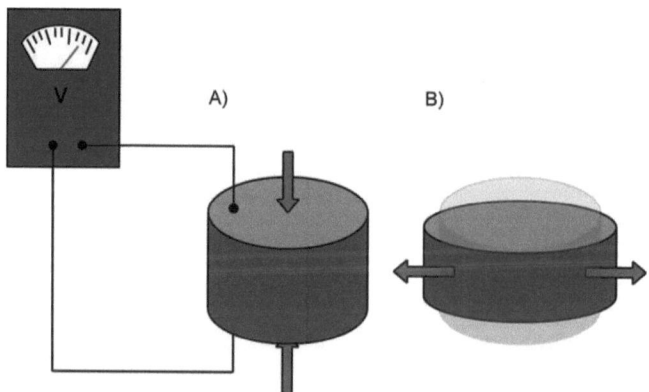

Abbildung 5: Piezoelektrischer Effekt. Durch das Anlegen einer Spannung (A) dehnt sich die Piezo-Keramik aus (B). Auf diese Weise erzeugte Schwingungen können in einer Glaskapillare zum Tropfenabriss benutzt werden (Grafik modifiziert nach http://windulum.com/page1/page1.html).

Im Bereich der automatisierten Dispensiertechnologie werden sogenannte Piezo-Keramiken verwendet. Diese Keramiken werden als Bauteil in eine Dispensierdüse eingebunden. Diese Düse besteht aus einer Glaskapillare mit einem Durchmesser von höchstens 100 µm und zwei Verjüngungen. Durch die gerichtete Verformung des Kristalls, ist es möglich diesen in mechanische Schwingungen zu versetzen, wodurch an der Spitze der Glaskapillare Tropfen abgegeben werden können. Auf diese Weise erzeugte Tropfen können, je nach verwendeter Größe des Piezo-Kristalls und Durchmesser der Öffnung der Kapillare, ein Volumen von wenigen 100 pl haben (und damit einen Durchmesser von unter 100 µm).

Das kontaktfreie Aufbringen von Proben, bei Volumina die größer sind als ein Nanoliter, geschieht mittels Magnetventilen (im Englischen solenoid valve). Bei diesen Ventilen wird das Öffnen und Schließen durch das An- bzw. Ausschalten eines Elektromagneten realisiert.

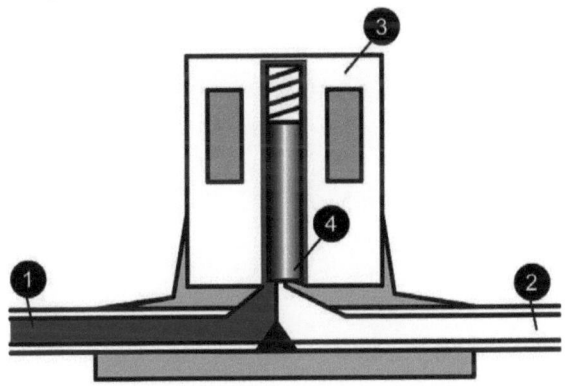

Abbildung 6: Magnetventil. Durch das Anlegen von Spannungen unter 24 Volt lassen sich sehr kurze Öffnungs- und Schließzeiten des Magnetventils (3) erreichen. Durch das Öffnen und Schließen des Bolzens (4) wird die Flüssigkeitszufuhr (1) immer wieder unterbrochen, wodurch einzelne Tropfen am Flüssigkeitsauslass (4) generiert werden. (Grafik modifiziert nach http://www.solenoid-valve-info.com/solenoid-valve-basics.html).

In Abhängigkeit der Bauart solcher Ventile sind sehr schnelle und kurze Öffnungszeiten möglich. In Kombination mit einem Dispensierroboter, können so Tropfen von ca. 50 nl abgegeben werden.

Da das Spotten von Proteinmicroarrays sehr präzise, mit kleinsten Volumina und unter Ausschluss von Volumenschwankungen geschehen sollte um quantifizierbare Daten zu erhalten, werden die meisten Proteinmicroarrays mit Piezo-Spottern hergestellt [19, 20].

1.2 Microarrayformate

Der Begriff Microarrays ist als Oberbegriff zu verstehen, unter dem verschiedenste Arrayformate und Anwendungen zusammengefasst werden. Die Anwendungsbreite reicht dabei von Applikationen in der Forschung (R&D) bis hin zur klinischen *in vitro* Diagnostik (ivD). Die Anwendungsmöglichkeiten reichen von DNA- über RNA- als auch Protein-, Lysat- und Peptidarrays. Microarrays bieten die Möglichkeit, ganze Genom-, Proteom-, Transkriptom- und sogar Metabolomstudien durchzuführen, diese zu automatisieren, zu parallelisieren und zu miniaturisieren. Die ersten Anfänge im Bereich der Miniaturisierung, die sogenannten Makroarrays entstanden in den späten 90'iger Jahren. Bereits 1998 haben Büssow und Kollegen [21, 22] eine Methode entwickelt, um eine immobilisierte cDNA Bibliothek in einen Protein-Makroarray umzuwandeln. Dabei wurde ein Stempel an einem "Spotting" Roboter angebracht und *E. coli* Kolonien mit Plasmiden für unterschiedliche Proteine auf eine Membran aufgebracht. Nach der Induktion der Proteinexpression auf der Membran wurden die Zellen lysiert und die exprimierten Proteine auf der Membran immobilisiert. Durch die Automatisierung konnten erste, sogenannte Hochdurchsatzmessungen im Bereich der Interaktionsstudien durchgeführt werden.

In Abbildung 7 sind die häufigsten Anwendungen (A) und deren Detektionsmethoden (B) dargestellt. Im folgenden Abschnitt werden die Microarrayformate zusammen mit einigen exemplarischen Beispielen kurz vorgestellt.

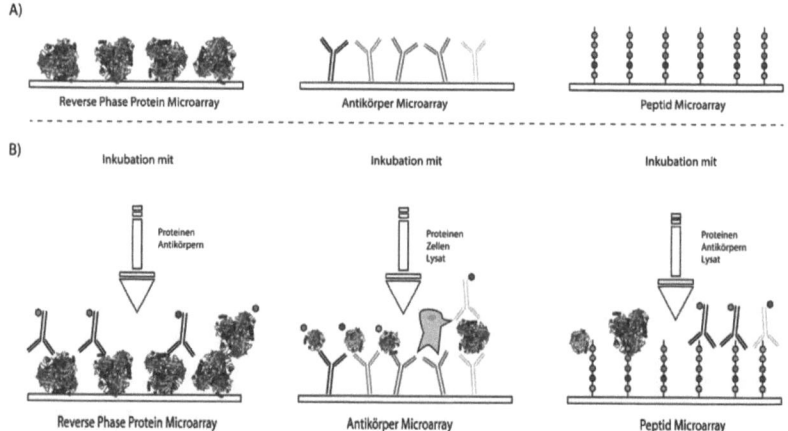

Abbildung 7: Übersicht über die verschiedenen Microarray-Arten. Jede Arrayart kann mit verschiedensten Analyten inkubiert werden. A) Zeigt die Arrays nach der Herstellung und B) nach der Inkubation mit Proteinen, Antikörpern oder Zellen und die Detektion. (Grafik modifiziert nach Hultschig et al. 2006 [23])

Grundsätzlich wird bei Microarrays zwischen sogenannten forward-phase (oder auch normal-phase) und reverse-phase Arrays unterschieden. Dabei ist entscheidend, ob der zu untersuchende Analyt auf dem Array immobilisiert wird oder ob der Array mit diesem Inkubiert wird. Bei den normal-phase Arrays werden „Fängermoleküle" wie Peptide oder Antikörper auf dem Objektträger immobilisiert und anschließend mit der Probe (auch Bait bezeichnet) inkubiert. Dabei bindet das Zielprotein/-Peptid und kann anschließend detektiert werden.

Wird zuerst der Analyt auf die Oberfläche gebracht, wie im Beispiel der Reverse Phase Protein Microarrays (RPMAs), kann das System am ehesten mit miniaturisierten Western Blots bzw. Dot Blots verglichen werden. Das Prinzip ist das gleiche, jedoch werden bei RPMAs die Proteine nicht nach Größe getrennt.

Unabhängig von der Art der Microarrays unterliegen diese einer bestimmten Nomenklatur und lassen sich in bestimmte Bereiche unterteilen. Erst ab dem eigentlichen Aufbringen der Probe auf einen Objektträger (oder auch Slide) (Abbildung 8 (1)) wird von einem Microarray (Abbildung 8 (2)) gesprochen. Die Oberfläche des Objektträgers selbst ist beschichtet oder chemisch modifiziert, um eine bessere Bindung der Biomoleküle auf der Oberfläche zu erreichen. Der Microarray kann in einzelne, sogenannte Subarrays unterteilt werden (siehe Abbildung 8 (3)). Die (Sub)Arrays wiederum bestehen aus den sogenannten Spots (Abbildung 8 (4)). Die Spots werden nach dem Assay und Scannen der Slides als Features bezeichnet. Je nach Beschaffenheit der Probe beträgt der Abstand zwischen den einzelnen Spots zwischen 500 und 750 µm bei einem Spotdurchmesser von ca. 100 µm (Abbildung 8 (5)).

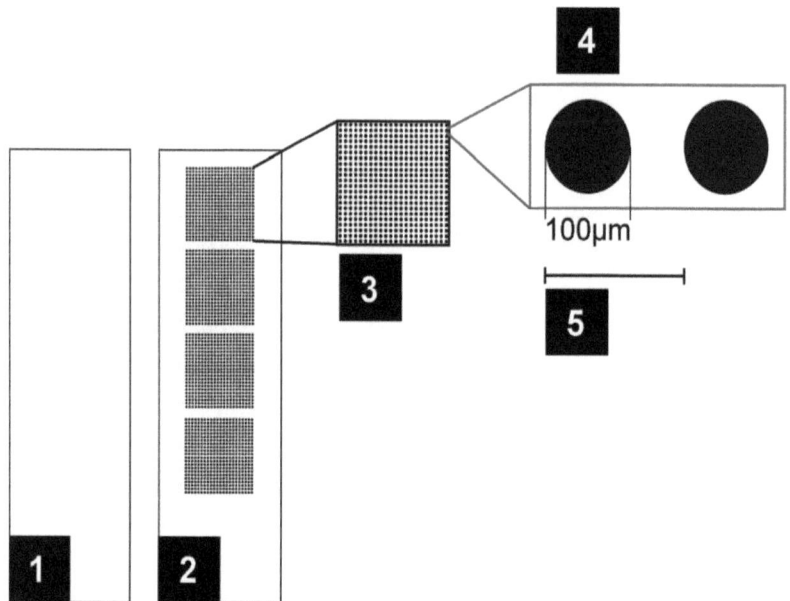

Abbildung 8: Deskriptive Grafik zum Aufbau eines Microarrays. Nomenklatur eines Microarrays: (1) Objektträger / Slide (2) (Micro)array (3) Subarray (4) Spot (nach dem Assay auch Feature genannt) (5) Dot-Pitch (Abstand von Spot zu Spot)

1.2.1 Antikörper- / Aptamerarrays

Antikörper Microarrays gehören zu den sogenannten forward-phase Arrays. Sie sind am weitesten verbreitet und am besten etabliert. Bei der Herstellung von Antikörper Microarrays werden im Allgemeinen zunächst Fängerantikörper auf einer Oberfläche immobilisiert. Nach der Inkubation mit einer komplexen biologischen Probe z.B.: Zellextrakt oder Serum, erfolgt der Nachweis über einen zweiten, meist monoklonalen hochspezifischen, Antikörper. Dieser Antikörper kann direkt markiert sein aber auch der Einsatz eines dritten, markierten Antikörpers ist üblich (Sandwich Assay). Bei dieser Sorte Arrays kommt es besonders auf die Qualität bzw. Spezifität der verwendeten Antikörper an. Je besser ein Antikörper charakterisiert ist, desto verlässlicher ist die Aussage, die mit einem Antikörper Array getroffen werden kann. Nicht für alle Moleküle existieren gute und verlässliche Antikörper. Deswegen werden neben Antikörpern auch Aptamere, Anticaline und ähnliche Moleküle verwendet. Als Sammelbegriff dafür hat sich die allgemeine Bezeichnung „Binder" durchgesetzt. Dabei muss eine hohe Spezifität zum Zielmolekül erreicht werden, wobei Hürden wie Kreuzreaktivität und aufwendige Herstellungsprozedur der Antikörper umgangen werden sollen. Ein solches Beispiel sind Aptamere. Aptamere gehören zu der Familie der Nukleinsäuren. Durch ihre 3D Struktur, einfache und kostengünstige Herstellung und hohe Vielfältigkeit gehören sie zu den vielversprechendsten Alternativen zu Antikörpern. Aptamere wurden bereits im Bereich von Biosensoren erfolgreich eingesetzt und zeigten dabei weniger Kreuzreaktivität als vergleichbare Antikörper [24].

Antikörper Microarrays haben ein sehr breitgefächertes Anwendungsspektrum. Dazu gehören unter anderem:

- Die Detektion von Toxinen in Milch, Blut und Apfelwein [25]. Aufgrund der hohen Spezifität der in dieser Studie verwendeten Antikörper war dabei ein Nachweis 10-100 pg/ml möglich.
- Der Nachweis von Tumormarkern in verschiedenen Stadien eines Tumors [26]. Mit der Hilfe von Antikörpermicroarrays kann der Verlauf und damit die verschiedenen Expressionsstadien eines oder mehrerer Biomarker untersucht werden. Alle in der Studie erlangten Ergebnisse korrelieren mit herkömmlichen Western Blot Ergebnissen.
- Die Immobilisierung von IgG auf Goldnanopartikeln zur Diskriminierung verschiedener Bakterienstämmen [27]. Für den Assay waren nur 10^3 Zellen nötig und durch die Verwendung von Lipopolysacchariden konnte zusätzlich die minimale Hemm-Konzentration ermittelt werden. Dies ist ein klinisch relevanter Parameter bei der Behandlung von bakteriellen Infektionen.

1.2.2 Peptidmicroarrays

Im Gegensatz zu den Antikörpermicroarrays sind Peptidmicroarrays um einiges stabiler in der Handhabung und flexibler in der Fragestellung. Darüber hinaus können sie einfach synthetisch hergestellt werden. Die benötigten Peptide können direkt auf der Oberfläche synthetisiert werden [28, 29]. Die immobilisierten Peptide können dabei potentielle Bindungsstellen für Proteine darstellen aber auch potentielle Phosphorylierungsstellen. Je nach Fragestellung werden Peptidmicroarrays mit Kinasen oder auch interagierenden Proteinen inkubiert (Abbildung 9). Auf diese Weise können neue Bindemotive und Phosphoryierungsstellen entdeckt werden. Durch die große einsetzbare Varianz der Peptide können auch Antikörper näher charakterisiert werden. Ist das Para- bzw. Epitop bekannt, kann mit Hilfe von kinetischen Analysen die Bindungsstärke der Antikörper bestimmt werden.

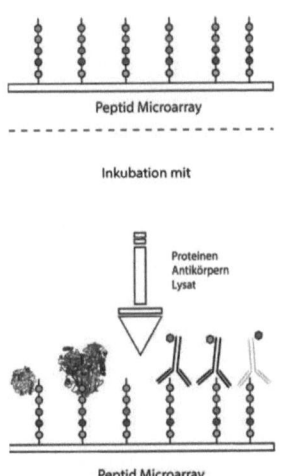

Abbildung 9: Übersicht eines Peptid Microarrays. Bei der Herstellung von Peptid Microarrays können die Peptide entweder auf die Oberfläche gespottet oder direkt auf ihr synthetisiert werden. Nach erfolgreicher Immobilisierung der Peptide auf einer beliebig modifizierten Oberfläche können die Microarrays sowohl mit Proteinen, Antikörpern als auch mit Serum oder Vollblut inkubiert werden. (Grafik modifiziert und gekürzt nach Hultschig et al. 2006 [23])

Peptidarrays können für sehr unterschiedliche, vielfältige Anwendungen verwendet werden. Ein Anwendungsbereich von Peptidmicroarrays ist das Identifizieren von Antigenepitopen von Proteinen beim Serumscreening für Krankheiten [30] weitere Anwendungsbereiche werden im folgenden beschrieben.

- Die Verwendung von Peptidmicroarrays zur Identifizierung von Peptiden mit immunogenem Potential [31]. Bis zum Jahre 2010 wurden gerade einmal 7% der 4000 open reading frames von *M. tuberculosis* auf mögliche T-Zellepitope hin untersucht. Mit Peptidmicroarrays wurden 7446 überlappende Peptide von 61 individuellen Proteinen aus *M. tuberculosis* via SPOT-Technik auf Slides synthetisiert und diese auf neue T-Zellepitope hin untersucht. Aus Ursprünglich 7446 überlappenden Peptiden haben 544 an alle drei MHC Klasse 2 Moleküle, 609 an zwei und 756 an nur ein MHC Klasse 2 Molekül gebunden. Somit konnte ein entsprechendes Ranking erstellt werden.
- Die Untersuchung einer Peptidbibliothek welche gegen Cysteinproteasen gerichtet ist [32]. Diese Proteasen spielen eine besondere Rolle bei einigen pathologischen Befunden. Eine Studie mit einer Peptidbibliothek, bestehend aus 275 Peptiden, war in der Lage neue potentielle diagnostische Marker zu bestimmen. Zusätzlich konnten neue, spezifische Inhibitoren identifiziert werden.
- Eine typische Anwendung für Peptidmicroarrays ist ein sogenanntes Screening nach möglichen Kinase-Phosphoryierungsstellen [33]. Bei dieser Anwendung werden Peptide mit potentiellen Kinaseerkennungssequenzen auf der Oberfläche immobilisiert [34]. Der Array wird mit einer Kinase und radioaktiv markiertem ATP inkubiert. Die Phosphorylierung einzelner Peptide kann über den Einbau von radioaktiv markierten ATP nachgewiesen werden [35]. Auf diese Weise können neue Phosphorylierungsstellen identifiziert werden.
- Den Einsatz von Peptidmicroarrays zusammen mit der Surface Plasmon Resonance (SPR) Technik. Mit der Kombination dieser beiden

Techniken können nicht nur Interaktionsstudien durchgeführt werden, sondern auch kinetische Daten erhoben werden. Auf diese Weise kann z.B. Patientenserum (und damit deren Antikörperrepertoire) auf Bindemuster untersucht werden. Dabei kann ein bestimmtes Bindemuster auf einen bestimmten Krankheitsverlauf hindeuten. Damit besteht die Möglichkeit die gefundenen Marker nicht nur als therapeutische Marker einer Krankheit sondern ebenfalls als prognostische Marker zu verwenden [36].

1.2.3 Reverse Phase Protein Microarrays

Bei der Herstellung von RPMAs werden zunächst Zellen lysiert. Diese Zellen können dabei verschieden behandelt worden sein. Der Einsatz unterschiedlicher Stimuli zur Untersuchung von Signaltransduktionskaskaden ist hierbei ein prominentes Beispiel. Nach erfolgter Lyse der Zellen (Abbildung 10 A) wird das Gesamtzelllysat (B) mit einen Microarrayspotter (C) auf modifizierte Slides (D) gespottet. Somit können auf den Microarray verschiedene Stimulierungszustände und -zeitpunkte, Konzentrationen und Replikate immobilisiert werden. Die immobilisierten Proteine können mit einem spezifischen Antikörper nachgewiesen werden (E).

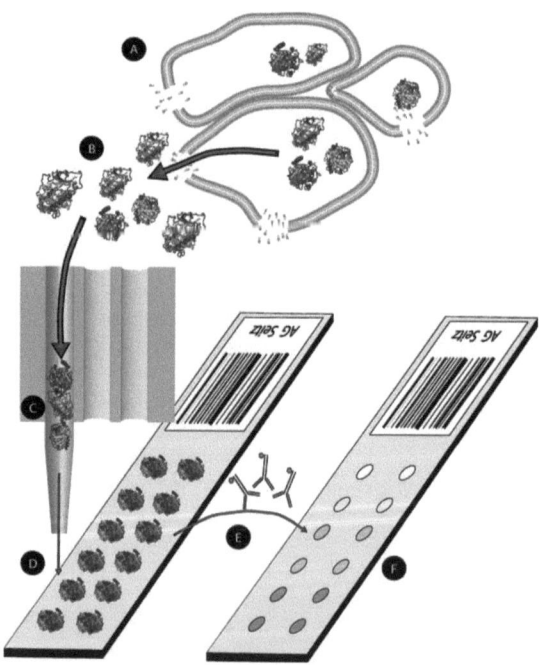

Abbildung 10: Herstellung von Reverse Phase Protein Microarrays. Nach der Zelllyse (A) wird das Gesamtzelllysat (B) mittels eines kontaktfreien Dispensierverfahrens auf die Oberfläche der Microarrays gebracht (C-D). Die Detektion der Zielproteine geschieht mit validierten, spezifischen Antikörpern (E). Anschließend können die Signale mit einem Fluoreszenzscanner ausgelesen werden (F).

Reverse Phase Protein Microarrays (RPMA) funktionieren wie miniaturisierte Dot Blots. Beim Aufbringen der Probe erfolgt keine Trennung der einzelnen Proteine nach ihrer Größe. Durch das Aufbringen von vielen Proben haben RPMAs das Potential unterschiedliche Fragestellungen einschließlich aller nötigen Kontrollen in einem Experiment adressieren zu können [7]. Gleichzeitig können mehrere Proben auf einen Parameter untersucht werden. Dies kann ein enormer Vorteil gegenüber dem in den letzten Abschnitten vorgestellten normal phase Ansatz sein. RPMAs eröffnen neue Möglichkeiten zur Analyse von Krankheitsverläufen und Signaltransduktionen. Ist der zu untersuchende Parameter bereits bekannt, können über einen definierten Zeitraum Proben entnommen werden. So entsteht nicht nur ein Überblick darüber, in welchen Geweben der Parameter expremiert wird, sondern auch zu welchem Zeitpunkt einer Krankheit sich der Parameter wo befindet. Im Gegensatz zu DNA und RNA Microarrays, die Daten zu Expressionsleveln liefern, können Reverse Phase Protein Microarrays diese Änderungen auf Proteinebene betrachten. Einige dieser Änderungen, wie z.B. Phosphorylierungen sind häufig direkt mit dem Phänotyp einer Zelle oder eines bestimmten Zelltyps verbunden [2] und können somit einen direkten Bezug zu einem bestimmten Krankheitsbild herstellen. RPMAs können das gesamte Proteom eines Patienten parallel analysieren [37]. Techniken wie quantitatives Immunoblotting [38] oder Massenspektronomie [14] können dies ebenfalls, jedoch teilweise nicht mittels Hochdurchsatzmessungen und benötigen für die Untersuchung zusätzlich weit mehr an Ausgangsmaterial [39]. Wie auch bei den zuvor vorgestellten Microarrays haben auch die RPMAs ein breites Anwendungsspektrum.

- Um den Einfluss von miRNAs auf deren Zielproteine zu untersuchen, wurden Brustkrebszellen mit miRNAs transfiziert. Die tranzfizierten Zellen wurden anschließend lysiert und das Lysat auf Microarrays gespottet. Dadurch konnte die Rolle der miRNAs in zellulären Prozessen ermittelt werden [40]. Von 319 untersuchten miRNAs regulieren 21 den Estrogen Rezeptor-a. Die Ergebnisse dieser Studie korrelieren mit den parallel durchgeführten Western Blots und qPCR Versuchen.
- Um gewebespezifische Biomarker zu untersuchen, wurden 30 Patienten metastatisches Melanomgewebe entnommen. Die Lysate des Melanomgewebes wurden mittels RPMAs untersucht und mit verschiedenen anderen Techniken verglichen. Eine Korrelation von $r = 0,64$ zwischen den Ergebnissen der RPMAs und immunhistochemischen Methoden zeigt, dass die Ergebnisse von RPMAs, genauso wie die der Immunhistochemie verifiziert werden müssen [41].
- Bei der Untersuchung zeitabhängiger Signaltransduktion in HEK293 Zellen mittels Reverse Phase Protein Microarrays konnte durch den Einsatz tyramidbasierter Signalamplifikation eine Steigerung der Sensitivität erreicht werden. Dupuy und seine Kollegen [42] untersuchten dabei das Phosphorylierungspattern in komplexen Signaltransduktionsnetzwerken. Das Detektionslimit konnte dabei von 6,84 Attomol auf 0,21 Attomol gesenkt werden. Auch hier konnte eine Korrelation der Microarrayergebnisse mit den Ergebnissen aus Western Blots gezeigt werden.

Wie diese Beispiele zeigen, haben RPMAs das Potential, komplexe Netzwerke und Fragestellungen zu untersuchen, jedoch muss auf Grund der hohen Komplexität der Fragestellung eine entsprechende Validierung der Ergebnisse durchgeführt werden. Nur auf diese Weise kann sichergestellt werden, dass die in den Microarrayexperimenten erlangten Daten auch wirklich aussagekräftig sind und einen tatsächlichen biologischen Sachverhalt darstellen. Eine dabei standardmäßig verwendete Überprüfung der ermittelten Ergebnisse stellt dabei die Verwendung der gleichen Lysate in Western Blot Experimenten dar.

Im folgenden Abschnitt soll daher auf zwei Aspekte (Validierung der Antikörper und Detektion) näher eingegangen werden, welche für RPMA Experimente von Bedeutung sind.

1.3 Validierung der Antikörper und Detektion

Wie bereits vorgestellt gibt es verschiedene Methoden um phosphorylierte Proteine in Signaltransduktionskaskaden zu detektieren. Die Detektion erfolgt in der Regel mittels spezifischer Antikörper gegen das Zielprotein bzw. die posttranslationale Modifikation. Bei der in dieser Arbeit verwendeten Methode der Detektion von Phosphorylierungen mittels Reverse Phase Protein Microarrays, ist die Auswahl der (phospho)spezifischen Antikörper, deren Validierung und die Wahl des Detektionsmechanismus von Bedeutung. Entscheidend ist, dass die Antikörper keinerlei Kreuzreaktivität mit anderen Proteinen haben. Sollte dies der Fall sein, kann auf dem RPMA keine genaue Zuordnung zum Zielprotein mehr erfolgen. Eine anschließende Auswertung der Phosphorylierungsdauer und Reihenfolge kann nicht mehr eindeutig zugeordnet werden. Die Detektion der phosphorylierten Proteine auf dem Array soll anschließend eine relative Quantifizierung erlauben, um Aktivierungszeitpunkt, -dauer und –intensität zu bestimmen und in Verhältnisse setzen zu können. Daher ist bei der Auswahl des Detektionsmechanismus drauf zu achten, dass die ermittelte Signalintensität in einem direkten Verhältnis zu der Anzahl an immobilisierten Proteinen steht.

Garcia und Kollegen haben gezeigt, des eine intensive Antikörpervalidierung im Bereich der Microarrays unabdingbar ist [43]. Um mögliche Kreuzreaktivitäten auszuschließen, müssen die verwendeten Antikörper intensiv getestet werden. Wie die Ergebnisse von Ambroz *et al.* [44] zeigen, sollten die Testbedingungen im Vorfeld was Inkubationszeiten und Lysat angeht, mit denen des eigentlichen Assays übereinstimmen.

Die Konformation der Proteine hängt unter anderem von den gewählten Lysebedingungen ab. Je nach verwendetem Protokoll befinden sich die extrahierten Proteine in dem Lysat in ihrer nativen oder denaturierten Form [45]. Beide Lyseformen haben Vor- und Nachteile. Werden die Zellen unter nativen Bedingungen lysiert, spiegelt das gespottete Lysat am ehesten die *in vivo* Bedingungen in der Zelle wieder. Die Lysate sind während des Spotvorgangs erhöhten Drücken und mechanischem Stress ausgesetzt, weswegen keine genaue Aussage über den Konformationszustandes der Proteine auf dem RPMA getroffen werden kann. Beispiele in der Literatur zeigen, dass sich Proteine nativ auf Microarray immobilisieren lassen [46]. Dieses lässt sich jedoch nicht auf alle Proteine in einem Zelllysat übertragen. Die beschriebenen Versuche lassen keine Rückschlüsse zu, welcher Anteil der Proteine nach dem Spotten noch nativ ist. Findet die Lyse der Zellen unter denaturierenden Bedingungen statt, lässt sich das Extrakt auf Grund der Pufferzusammensetzung nicht spotten bzw. führt zu einem sehr uneinheitlichen Spottingpattern. Die Antikörper für RPMA Experimente sollten deswegen in der Lage sein sowohl das native Proteine als auch das denaturierte Protein zu detektieren. Idealerweise sollte dabei der Antikörper in Versuchen wie Western Blots (denaturierte Bedingungen) [47] und Immunopräzipitation (IP; native Bedingungen) validiert werden [48]. Durch diese beiden Validierungsmethoden kann sichergestellt werden, dass der verwendete Antikörper zuverlässig in Microarrays Experimenten funktioniert.

Bei der Detektion auf Microarrays gibt es verschiedene Strategien. Diese reichen vom direkten Nachweis über den Substratumsatz eines gekoppelten Enzyms, dem Nachweis über einen fluoreszenzmarkierten Antikörper bis hin zur Verwendung von alternativen Nachweismethoden wie Quantum Dots [49], elektrochemische Methoden [50] und potentiometrische Methoden [51]. Die Auswahl des Detektionsverfahrens richtet sich nach der gewählten Plattform und der entsprechenden Fragestellung.

Das direkte Markieren der Proteine ist nicht für jede Arrayart praktikabel. Bevorzugt werden dabei reaktive Gruppen wie Amino- und Carboxygruppen modifiziert, die sich häufig in reaktiven Zentren oder auf der Oberfläche der Proteine befinden. Dadurch kann das Protein teilweise nicht mehr an den Liganden auf der Oberfläche binden [52]. Darüber hinaus ist die Kopplungseffizienz des Farbstoffs an das Zielprotein stark von der Beschaffenheit des Proteins und der Konzentration und dem Verhältnis der Proteine zueinander abhängig. Faktoren wie unterschiedliche Hydrophobizitäten oder die Länge eines Proteins haben einen Einfluss auf die Häufigkeit und Bindungseffizienz solcher Farbstoffe. Darüber hinaus werden in einem Gemisch aus Proteinen, Proteine die besonders häufig vorkommen öfter und besser markiert als Proteine die weniger stark vertreten sind. Somit kann die direkte Markierung von Proteinen für die relative Quantifizierung von Lysaten nicht eingesetzt werden.

Die Detektion mit einem markierten Antikörper kann mit einem markierten Primärantikörper und einem markierten Sekundärantikörper erfolgen. Grundsätzlich sind beide Varianten für RPMA Experimente praktikabel. Die Antikörper können mit einem Fluoreszenzfarbstoff markiert oder mit einem Enzym verbunden werden. Im ersten Fall wird das Protein direkt detektiert, während im zweiten Fall, das Zielprotein über einen Substratumsatz detektiert wird. Im Gegensatz zur direkten Kopplung des Fluoreszenzfarbstoffes an einen Antikörper (an den Primär- oder Sekundärantikörper) kann der Nachweis über ein Enzym auf verschiedene Arten und Weisen erfolgen – kolorimetrisch, fluoreszenzbasiert [53] oder elektrochemisch. Die Methoden unterscheidet nur das eingesetzte Substrat für das verwendete Enzym. Bei der Detektion mit

Antikörpern können homologe Proteine oder stark konservierte Domänen nicht auseinander gehalten werden. Vorteile von direkt fluoreszenzmarkierten primären Antikörpern ist der große dynamische Bereich, was sich gut für die spätere Quantifizierung der Proteine eignet. Bei der Verwendung von nur einem Antikörper findet keine Signalamplifikation statt. Ist einer der Antikörper (Primär- oder Sekundärantikörper) mit einem Enzym gekoppelt, kann ein fluoreszezbasierendes Substrat gewählt werden, um so den dynamischen Bereich für die Quantifizierung zu vergrößern. Für einen Vergleich der Signalintensitäten sollten die Proteine eine ähnliche Konzentration aufweisen. Die Verwendung eines enzymatischen Nachweises ist für die relative Quantifizierung von Proteinen nur bedingt geeignet. Die indirekte Detektion mit einem fluoreszenzmarkierten Sekundärantikörper erlaubt beide Vorteile (Signalverstärkung und hoher dynamischer Bereich) zu kombinieren. Darüber hinaus findet eine Signalamplifikation statt da jeweils bis zu vier sekundäre Antikörper an einen primären Antikörper binden können. Diese Methode eignet sich am besten für die relative Quantifizierung von Proteinen.

2 Material und Methoden

2.1 Material

2.1.1 Chemikalien und Lösungsmittel

Tabelle 1: Liste der verwendeten Chemikalien und Lösungsmittel. Zu allgemeinen Chemikalien zählen u.a. Natriumchlorid und Kaliumhydrogenphosphat und weitere. Diese wurden von der Firma Merck bezogen

Bezeichnung	Hersteller
30 % - Polyacrylamid	Roth
Agarose	Invitrogen GmbH
Ammoniumpersulfat (APS)	BioRad
Adenosintriphosphat (ATP)	Roche Diagnostics GmbH
Benzonase	Merck KGaA
Blotting-Grade Blocker nonfat dry milk	BioRad
Bradford Reagenz	BioRad
Bovine Serum Albumin (BSA) - aufgereinigt	New England Biolabs
Coomassie Blue G250	Carl Roth
Dulbecco's modified Eagle's medium (DMEM)	Sigma Aldrich
Ethanolamin	Carl Roth
Forskolin (FSK)	Biomol
Hybond-Extra Nitrozellulosemembran (45 µm)	Amersham Bioscience
Isoproterenol	Sigma-Aldrich
Methanol	Carl Roth

Mammalian Protein Extraction Reagent (M-PER™)	Pierce
PageRuler™ Prestained Protein Ladder	Fermentas
Phosphatase und Protease Inhibitor Cocktail	Merck KGaA
Proteinkinase A (PKA) Cα	Biaffin
PKA Reaktionspuffer	New England Biolabs GmbH
Ponceau S Lösung	AppliChem
Sodium Dodecyl Sulfate (SDS)	Sigma Aldrich
Bezeichnung	Hersteller
SYBR Green I	Invitrogen GmbH
Tetramethylethylendiamin (TEMED)	Invitrogen GmbH
Polysorbat 20 (Tween-20)	Carl Roth
Western Blue Substrat	Promega

2.1.2 Zellkulturlinien

Tabelle 2: Verwendete Zelllinien und deren Ursprung

Zelllinie	Ursprung
HEK293	DSMZ ACC 305
COS-7	ATCC CRL-1651
F11	HPACC 08062601

2.1.3 Bakterienstamm

Tabelle 3: Verwendeter Bakterienstamm und Plasmid

Stamm / Plasmid	Genotyp
E.coli BL21-Codon Plus RP	E.coli B F$^-$ ompT hsdS($r_B^- m_B^-$) dcm$^+$ Tet^r gal end^A Hte [argU proL Cam^r]
pHis5BA::wtCREB	pHis5BA::CREB; ori colE1, Amp^r, pMK2 cassette (pA1-O4/O3, lacI$^+$, trpAt)

2.1.4 Verbrauchsmaterialien und Geräte

Tabelle 4: Liste der benutzten Geräte und Verbrauchsmaterialien

Bezeichnung	Hersteller
384-Well Platte v-bottom	Genetix (X7022)
428™ Array Scanner	Affimetrix
96 Well Platte	Nunc
Anlage zur automatisierten Slideinkubation	Eigenbau IBMT – Potsdam Golm (nach Epigenomics)
Axon Genepix 4200A Scanner	Molecular Devices
BCA Protein Assay Kit	Pierce (Thermo Fisher)
Dynabeads® Protein G	Invitrogen
Elektrophorese Gelkammern	Hoefer
FAST-Frames	Whatman, GE Healthcare
FAST-Slides	Whatman, GE Healthcare
Filterpapier	Whatman, GE Healthcare
Flachbettscanner	Hewlett Packard
FluoroProfile® Protein Quantification Kit	Sigma Aldrich
FLUOstar Omega Plattenreader	BMG Labtech GmbH
Frischhaltefolie	Saran
Fujifilm FLA-5100 Radioluminographie-Scanner	Fujifilm Deutschland
Heizblock	Eppendorf
Mikroprozessor pH-Meter CG 832	Schott Geräte GmbH
miniSpin Zentrifuge	Eppendorf

Multititerplattenschüttler	Heidolph
Ni-NTA Matrix	Qiagen
Rotationsinkubator (Rollenmischer)	NeoLab
sciFLEXARRAYER S5	Scienion AG
Subcellular Protein Fractionation Kit	Thermo Fisher
Tecan LS Reloaded	Tecan
Western Blot-Apparatur	Eigenbau MPI für molekulare Genetik - Berlin

2.1.5 Software

Tabelle 5: Liste der verwendeten Software

Programm	Hersteller
Adobe Illustrator CS6	Adobe Systems GmbH
AIDA Image Analyser Software	Raytest Isotopenmessgeräte GmbH,
Corel DRAW X4	Corel, Corp.
EndNote X1	Thomson Reuters
GenePixPro v6.1 Software	Molecular Devices
MS Office 2007	Microsoft Corp.
OriginPro Software 8.1G	OriginLap Corp.
ImageJ	Wayne Rasband

2.1.6 Antikörper

Tabelle 6: Liste der verwendeten Antikörper

Bezeichnung	Hersteller
Aktin (I-19) R	Santa Cruz, sc-1616-R
Anti Rabbit IgG - AP	Sigma, A3687
Anti Rabbit IgG Alexa Fluor 532	Invitrogen, A-11009
CREB-1 (240)	Santa Cruz, sc-58
Goat Anti-Mouse IgG Alexa Fluor 555	Life Technologies, A21422
HPRT	Santa Cruz, sc-20975
Penta His Alexa Fluor 532 Conjugate	Qiagen, 35330
Phospho CREB (Ser133)	Cell Signaling, 9191
Phospho-PKA Substrate (RRXS/T)	Cell Signaling, 9624

2.1.7 Puffer

Tabelle 7: 10 % SDS-Lösung

10 % SDS-Lösung	
1,28 M	SDS

Tabelle 8: CCE Puffer

CCE Puffer	
1 M	Tris pH 6.8
5,7 %	SDS
14 %	Glycerol 87%
7 %	β-Mercaptoethanol
eine Spatelspitze	Bromphenolblau

Tabelle 9: 10 X PBS Puffer (pH 7,2-7,4)

10 X PBS Puffer (pH 7,2-7,4)	
1.37 M	NaCl
14.7 mM	KH_2PO_4
78.1 mM	Na_2HPO_4
26.8 mM	KCl

Tabelle 10: 1 X PBS-T

1 X PBS-T	
100 ml	10 X PBS
500 µl	Tween-20
ad 1000 ml	dH_2O

Tabelle 11: 10 X PBS Puffer (pH 7,2-7,4)

10 X PBS-T Puffer (pH 7,2-7,4)	
1.37 M	NaCl
14.7 mM	KH_2PO_4
78.1 mM	Na_2HPO_4
26.8 mM	KCl
4,52 mM	Tween-20

Tabelle 12: Blotting Puffer

Blotting Puffer	
39 mM	Glycin
48 mM	Tris
0.0375 %	SDS
20 %	Methanol

Tabelle 13: 10 X TBS-T Puffer

10 X TBS-T Puffer pH 7,2	
100 mM	Tris
1,5 M	NaCl
4,52 mM	Tween-20
26,8 mM	KCl

Tabelle 14: 10 % Milchpulver Lösung zum blocken

10 % Milchpulver Lösung in PBS-T	
10 ml auf 100 ml	10 X PBS-T
10 g auf 100 ml	Milchpulver
90 ml	dH_2O

Tabelle 15: Coomassie-Färbelösung

Coomassie-Färbelösung	
45 %	Methanol
10 %	Eisessig
0,25 % w/v	Coomassie Blue G250

Tabelle 16: 1 % Bromphenolblau

1 % Bromphenolblau	
1 g auf 100 ml dH_2O	Bromphenolblau

Tabelle 17: 1,0 M Tris (pH 6,8)

1,0 M Tris (pH 6,8)	
1,0 M	Tris

Tabelle 18: 1,5 M Tris (pH 8,8)

1,5 M Tris (pH 8,8)	
1,5 M	TRIS

Tabelle 19: 5 X SDS-Laufpuffer

5 X SDS-Laufpuffer	
623,24 mM	Tris pH 8,3
6,26 M	Glycin
0,5 %	SDS

2.2 Methoden

2.2.1 Zellkultur

Die HEK293 Zelllinie (DSMZ ACC 305) wurde mit DMEM, 15 % FCS und 1 % Pen / Strep kultiviert. Bei einer Konfluenz von ca. 90 % wurde die Linie in eine neue Passage mit einer Verdünnung von 1:4 überführt. Weitere Experimente mit der Zelllinie F11 wurden ebenfalls in unserem Labor durchgeführt. Für die Kultivierung der F11 Zelllinie wurde HAMs F12 Medium [54] mit einem Zusatz von 15 % FKS und 1 % Pen / Strep verwendet. Die Zellen wurden bei 90 % Konfluenz mit einer 1:2 Verdünnung in eine neue Passage überführt. Alle Zellkulturexperimente mit der COS-7 Zelllinie wurden in Kooperation mit der Universität Kassel vor Ort durchgeführt. Die COS-7 Zellen (ATCC CRL-1651) wurden in 6-Well Schalen nach dem Protokoll von Prinz *et al.* [55] kultiviert.

Vor der eigentlichen Stimulierung der Zellen wurden diese für zwei Stunden ausgehungert. Falls nicht anders gekennzeichnet, wurden die Zellen mit 10 µM Forskolin / Isoproterenol stimuliert. Die Prozessierung und Lyse der verschiedenen Zelllinien wurde nach dem in 2.2.2 beschriebenen Protokoll einheitlich durchgeführt.

2.2.2 Zelllyse

Nach erfolgter Behandlung der Zellen wurden diese umgehend auf Eis gestellt und das Medium, inklusive dem Stimulans, abgenommen. Die Lyse der Zellen wurde nach Angaben des Herstellers mittels Mammalian Protein Extraction Reagent (M-PER™) durchgeführt. Der Lysepuffer enthielt zusätzlich einen Phosphatase und Protease Inhibitor Cocktail, in der vom Hersteller vorgeschlagenen Konzentration. Nach erfolgter Lyse wurden die Zellen bei 4° C und 10,000 × g für einen Zeitraum von 10 Minuten abzentrifugiert. Der Überstand wurde in ein neues Gefäß überführt und in flüssigem Stickstoff schockgefroren. Die auf diese Weise hergestellten Lysate wurden zur weiteren Verwendung bei -20° C gelagert.

2.2.3 Antikörpervalidierung

Der übliche Weg zur Validierung von Antikörpern für Protein Microarrays und damit zusammenhängend deren anschließende Benutzung in Microarray Experimenten besteht aus einem dualen, experimentellen Aufbau. Da die Proben durch die Spotting-Prozedur hohen Drücken und mechanischem Stress ausgesetzt sind, ist die Konformation der Proteine ungewiss. Für einige Protein konnte gezeigt werden, dass diese nach dem immobilisieren auf unterschiedlichen Oberflächen noch eine enzymatische Aktivität besitzen – also nativ vorliegen. Das lässt sich aber nicht pauschal auf alle Proteine übertragen. So wurden alle verwendeten Antikörper sowohl unter denaturierenden als auch nativen Bedingungen getestet und validiert. Nur wenn der getestete Antikörper in der Lage war, das native und das denaturierte Proteine spezifisch zu erkennen, wurde er in Experimenten eingesetzt (siehe Abbildung 11).

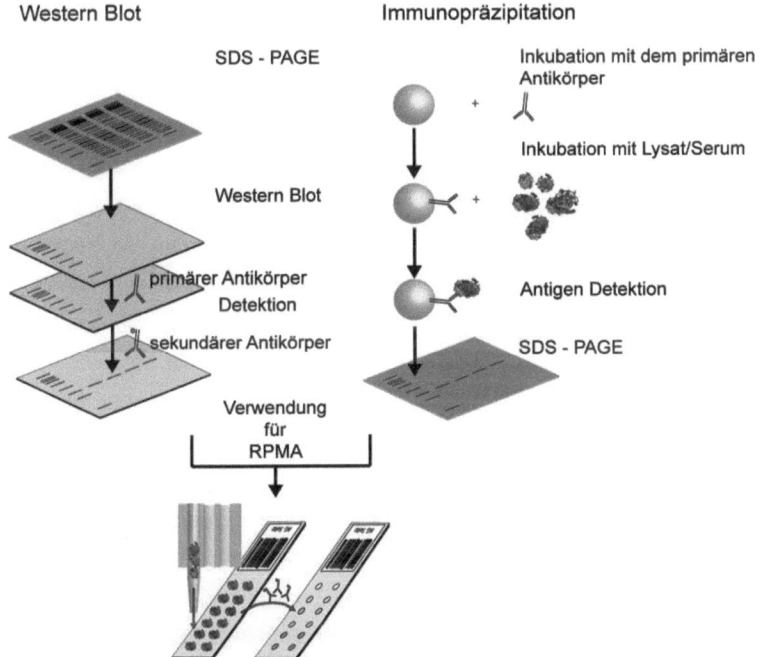

Abbildung 11: Validierungsschema von Antikörpern für Microarrays. Doppelte Validierung durch Test der Antikörper unter nativen (Immunopräzipitation) und denaturierten (Western Blot) Bedingungen. Antikörper wird nur in Microarrayexperimenten verwendet, wenn bei beiden Tests eine spezifische Aussage getroffen werden konnte.

Auf diese Weise konnte bisher sichergestellt werden, dass das immobilisierte Protein auf dem Microarray auch wirklich erfolgreich detektiert werden kann. Beide Methoden wurden in dieser Arbeit verwendet, jedoch konnte durch einen zusätzlichen Schritt vor dem Aufbringen der Probe auf die Immunopräzipitation verzichtet werden.

In dieser Arbeit sollten Signaltransduktionsevents charakterisiert und quantifiziert werden. Dabei spielen insbesondere Phosphorylierungen von Proteinen eine wichtige Rolle. Um nach einer erfolgten Stimulierung die Aktivierung von Proteinen (in Form einer Phosphorylierung) nachzuweisen und ins Verhältnis mit anderen Signaltransduktionsmolekülen zu setzen, ist es unabdingbar, dass weder Phosphorylierungen abgebaut noch hinzugefügt werden. Wie bereits im vorigen Punkt beschrieben (2.2.1), werden dem Lysepuffer Phosphatase- und Proteaseinhibitoren hinzugefügt. Dies verhindert zwar den allgemeinen Abbau von Proteinen und den Verdau der Phosphatgruppen durch Phosphodiesterasen, jedoch nicht das nachträgliche Hinzufügen dieser Gruppen durch Kinasen. Es gibt hochspezifische Kinaseinhibitoren, jedoch keinen Cocktail der in der Lage ist alle der rund 500 Kinasen zu inhibieren. Ein allgemeiner Lösungsansatz wäre die Verwendung z.B. von Harnstoff im Lysepuffer. Da die Proben jedoch mit einem Piezo-Spotter auf den Slide gebracht werden, ist die Verwendung von Harnstoff und ähnlichen Reagenzien, welche die Viskosität der Probe erhöhen, nur begrenzt möglich. Eine zu hohe Viskosität führt zwangsläufig zum Verstopfen der Düse, ungleichmäßigen Tropfen und somit zu einem nicht reproduzierbaren Spotten der Probe.

Können die Enzymaktivitäten in dem verwendeten Lysat generell inhibiert werden, so wird davon ausgehen, dass die eingebauten Phosphatgruppen nach einer Stimulierung weder An- noch Abgebaut werden. Eine Möglichkeit dies zu erreichen, ohne dabei die Viskosität zu erhöhen, ist das Erhitzen des Lysates vor dem Aufbringen der Probe auf den Microarray. Auf diese Weise werden die Proteine denaturiert und die enzymatische Aktivität auf ein Minimum gesenkt. Um ein Aggregieren der Proteine zu verhindern wurden verschiedene Zeiten und Temperaturen ausprobiert.

2.2.4 Natriumdodecylsulfat-Polyacrylamidgelelektrophorese (SDS-PAGE)

Alle verwendeten Gele für die SDS-PAGE wurden Anhand der Tabelle 20 und der Tabelle 21 hergestellt. Dabei wurden, je nach Bedarf an Gelen unterschiedliche Volumina hergestellt. Die Gele wurden nach dem Polymerisieren in feuchte Tücher gewickelt und in Frischhaltefolie eingewickelt um ein Austrocknen zu verhindern und bis zu zwei Wochen bei 4° C gelagert.

Tabelle 20: Lösungen zum Herstellen von Tris-Glycin SDS-Polyacrylamid Trenngelen. (modifiziert nach [56])

Zusammensetzung / Gel Volumen →	5 ml	10 ml	15 ml	20 ml	25 ml	30 ml	40 ml	50 ml
10 % Trenngel								
dH_2O	1,9	4,0	5,9	7,9	9,9	11,9	15,9	19,8
30 % Acrylamid Mix	1,7	3,3	5,0	6,7	8,3	10,0	13,3	16,7
1,5 M Tris (pH 8,8)	1,3	2,5	3,8	5,0	6,3	7,5	10,0	12,5
10 % SDS	0,05	0,1	0,15	0,2	0,25	0,3	0,4	0,5
10% APS	0,05	0,1	0,15	0,2	0,25	0,3	0,4	0,5
TEMED	0,002	0,004	0,006	0,008	0,01	0,012	0,016	0,02
12 % Trenngel								
dH_2O	1,6	3,3	4,9	6,6	8,2	9,9	13,2	16,5
30 % Acrylamid Mix	2,0	4,0	6,0	8,0	10,0	12,0	16,0	20,0
1,5 M Tris (pH 8,8)	1,3	2,5	3,8	5,0	6,3	7,5	10,0	12,5
10 % SDS	0,05	0,1	0,15	0,2	0,25	0,3	0,4	0,5
10 % Ammoniumpersulfat	0,05	0,1	0,15	0,2	0,25	0,3	0,4	0,5
TEMED	0,002	0,004	0,006	0,008	0,01	0,012	0,016	0,02
15 % Trenngel								
dH_2O	1,1	2,3	3,4	4,6	5,7	6,9	9,2	11,5
30 % Acrylamid Mix	2,05	5,0	7,5	10,0	12,5	15,0	20,0	25,0
1,5 M Tris (pH 8,8)	1,3	2,5	3,8	5,0	6,3	7,5	10,0	12,5
10 % SDS	0,05	0,1	0,15	0,2	0,25	0,3	0,4	0,5
10 % Ammoniumpersulfat	0,05	0,1	0,15	0,2	0,25	0,3	0,4	0,5
TEMED	0,002	0,004	0,006	0,008	0,01	0,012	0,016	0,02

Separat vom Sammel- und Trenngel wurde noch ein Abdichtgel mit der Zusammensetzung des Trenngels gegossen. 5 ml der Lösung wurden verwendet um bis zu sechs Gelkammern abzudichten. Nach dem auspolymerisieren des Abdichtgels wurden ca. 5 ml des Trenngels in die entsprechenden Kammern gefüllt. Anschließend wurde das Trenngel mit Wasser überschichtet. Dadurch wurde sichergestellt, dass die Trennlinie zwischen Sammel- und Trenngel gerade ist. Nach der Polymerisation des Trenngels und dem entfernen der Wasserschicht wurden ca. 2,5 ml Sammelgel hinzugegeben. Um die Taschen besser sichtbar zu machen, wurde jeweils 1 % Bromphenolblau hinzugegeben.

Tabelle 21: Lösungen zur Präparation eines Tris-Glycin SDS-Polyacrylamid Sammelgels. (modifiziert nach [56])

Zusammensetzung / Gel Volumen →	5 ml	10 ml	15 ml	20 ml	25 ml	30 ml	40 ml	50 ml
Sammelgel								
dH_2O	0,68	1,4	2,1	2,7	3,4	4,1	5,5	6,8
30 % Acrylamid Mix	0,17	0,33	0,5	0,67	0,83	1,0	1,3	1,7
1,0 M Tris (pH 6,8)	0,13	0,25	0,38	0,5	0,63	0,75	1,0	1,25
10 % SDS	0,01	0,02	0,03	0,04	0,05	0,06	0,08	0,1
10 % APS	0,01	0,02	0,03	0,04	0,05	0,06	0,08	0,1
TEMED	0,001	0,002	0,003	0,004	0,005	0,006	0,008	0,01

Die Proben wurden aufgetaut und jeweils 10 µl des stimulierten Lysates mit 2 µl CCE Puffer versetzt. Anschließend wurden diese für 5 Minuten bei 95° C erhitzt und auf ein 12% SDS-PAGE aufgetragen. Das Gel lief bei 150 V, 60 Minuten. Die Färbung der SDS-PAGE Gele erfolgte mit einer Coomassie-Färbelösung (siehe Tabelle 15). Alle Gele wurden bei Raumtemperatur 5 Minuten in der Coomassie Lösung geschüttelt. Anschließend wurde das Gel mit dH_2O entfärbt.

2.2.5 Western Blot

Nach erfolgter Trennung der Proteine im SDS-PAGE werden die Proteine elektrophoretisch aus dem Gel (schematischer Aufbau eines Western Blots in Abbildung 12) auf eine Nitrozellulosemembran übertragen. Um ausreichend Ionen für den Proteintransfer zur Verfügung zu stellen, wurden Filterpapiere in Blotting Puffer (Tabelle 12) getränkt. Sechs davon wurden auf Seiten der Kathode und drei auf Seiten der Anode platziert. Die Nitrozellulose Membran wurde ebenfalls mit Blotting Puffer getränkt und anschließend auf das Gel gelegt. Eventuell entstandene Luftblasen wurden durch mechanischen Druck mittels einer Einweg-Pipette (10 ml) entfernt. Anschließend wurde eine Blottingdauer von 90 Minuten verwendet und eine Stromstärke von 1,2 mA pro cm² Gel angelegt. Nach erfolgtem Übertrag der Proteine, wurden die Membranen zu Kontrollzwecken mit Ponceau S Lösung angefärbt. Dazu wurde die Membran vollständig mit der Lösung bedeckt und für 5 Minuten auf einem Schüttler inkubiert. Überschüssige Farbe wurde mit dH$_2$O aus der Membran gespült. Nach erfolgter Dokumentation des Blots wurde dieser für weitere 5 Minuten mit 10 X TBS-T entfärbt. Wenn nicht anders gekennzeichnet wurden die Western Blots mit 10 % Milchpulver Lösung in PBS-T für eine Stunde bei 4° C blockiert. Zwischen den Inkubationsschritten (i.e. blockieren / Primärantikörper / Sekundärantikörper) wurde jeweils zweimal 5 Minuten mit 1 X PBS-T gewaschen. Die Inkubation mit entsprechenden Primär- bzw. Sekundärantikörpern wurde mit den Antikörpern aus Abschnitt 2.1.6 durchgeführt. Der Primärantikörper wurde immer in einer 1:500 Verdünnung eingesetzt und für 90 Minuten mit der Membran inkubiert. Anschließend wurde der Blot für zweimal 5 Minuten mit 1 X PBS-T gewaschen. Hinterher erfolgte die Inkubation mit dem Sekundärantikörper. Dieser wurde ebenfalls in einer 1:500 Verdünnung eingesetzt, jedoch betrug die Inkubationszeit hier 60 Minuten. Abschließend wurde die Membran weitere zweimal 5 Minuten mit 1 X PBS-T gewaschen. Alle Antikörperinkubationen wurden bei 4° C durchgeführt. Das dokumentieren der Western Blots wurde entweder mit dem Fuji Scanner bei 532 nm oder im Falle von präzipitierenden Farbstoffen mit einem normalen

Flachbettscanner durchgeführt. Eine anschließende Auswertung der Western Blots wurde mit der AIDA Image Analyser Software durchgeführt.

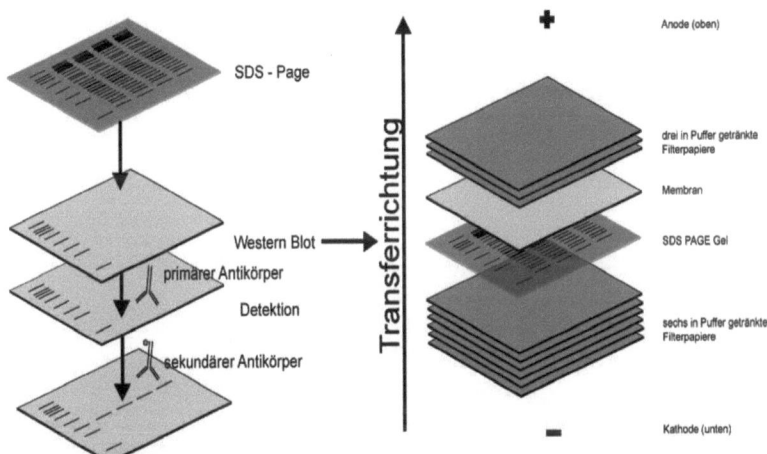

Abbildung 12: Schematische Darstellung zur Herstellung von Western Blots. Der allgemeine Ablauf für die Herstellung von Western Blots ist auf der linkten Seite zu sehen. Nach dem Auftrennen der Proben mittels SDS PAGE, werden die nach Größe getrennten Proteine auf eine Membran transferiert. Auf der rechten Seite des Bildes ist der genaue Aufbau zum Transfer der Proteine dargestellt. Anschließend wird die Membran mit einem primären und einem sekundären Antikörper entwickelt.

2.2.6 Immunopräzipitation

Für die Immunopräzipitation wurden Dynabeads® Protein G verwendet. Nach dem Auftauen der Proben wurde die Immunopräzipitation wie vom Hersteller beschrieben durchgeführt (schematischer Aufbau siehe Abbildung 13). Die Elution des Zielproteins geschah durch Zugabe von 10 µl CCE Puffer (Tabelle 8) und das Erhitzen des Protein-Beads-Gemisches für 5 Minuten bei 95° C.

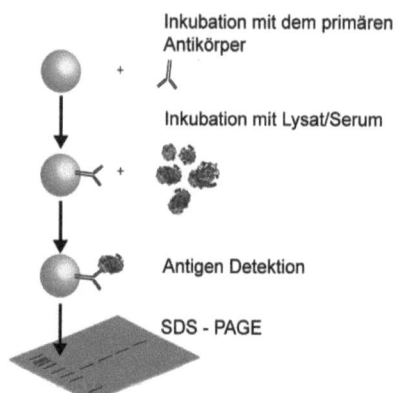

Abbildung 13: Ablauf einer Immunopräzipitation. Der spezifische Antikörper wird zunächst an die Beads gekoppelt. Nach erfolgter Bindung werden die auf den Beads gebundenen Antikörpern mit Lysat inkubiert. Anschließend werde nicht gebundenen Proteine durch einen Waschschritt entfernt. Die Elution erfolgt im Anschluss und wird auf ein SDS PAGE Gel zur weiteren Analyse aufgetragen.

Die Überstände nach Antigen- und Antikörperinkubation sowie die Elution und sämtliche Kontrollen wurden anschließend auf ein SDS-PAGE Gel aufgetragen, welches mit Coomassie angefärbt wurde.

2.2.7 Assay mit Bicinchoninsäure (BCA)

Wenn nicht anders gekennzeichnet, erfolgte die Konzentrationsbestimmung der Lysate laut Herstellerprotokoll mit der BCA-Methode. Dazu wurde ein BCA Protein Assay Kit verwendet.

2.2.8 Bradford

Der in dieser Arbeit verwendete Bradford Assay ist eine modifizierte und miniaturisierte Methode nach Bradford [57]. Mittels dieser modifizierten Variante können bis zu 96 Proben im Multititerplatten (MTP) Format analysiert werden. Alle Quantifizierungen, sowohl der Probe als auch der Standardreihe, sind in Triplikaten durchgeführt worden. Für die Standardreihe wurde ausschließlich BSA verwendet. Der lineare Bereich dieser Bestimmungsmethode liegt zwischen 1-20 µg/ml, wobei zu jeder Messung eine neue Standardkurve hergestellt wurde. Zuerst wurde eine Verdünnungsreihe, mit folgenden Konzentrationen, à 100 µl angesetzt: 2,5 µg, 5 µg, 7,5 µg, 10 µg, 12,5 µg, 15 µg, 17,5 µg, 20 µg. Die jeweiligen BSA Konzentrationen für die Standardreihe wurden immer in dem Puffer angesetzt, in dem auch die Probe gelöst war. Falls nicht näher angegeben, handelt es sich dabei um 1 X PBS Puffer. Jeweils 80 µl der Lösung wurde in die entsprechenden Wells der MTP gegeben. Die zu analysierende Probe wurde 1:10, 1:20, 1:50, 1:100, 1:200 und 1:500 verdünnt, wobei 80 µl in die MTP transferiert wurden. Anschließend wurden 20 µl des Bradford Reagenz hinzugegeben und durch wiederholtes auf- und abpipettieren gemischt. Dabei ist darauf zu achten, dass weder Schaum noch Blasen entstehen. Die MTP wurde 10 Minuten bei Raumtemperatur geschüttelt und danach bei OD_{595} mit einem Plattenreader ausgelesen. Danach wurden die gemessenen Werte für BSA gegen die entsprechenden Standardkonzentrationen aufgetragen. Die darüber zu ermittelnde Geradengleichung wird anschließend zur Berechnung der Probenkonzentration, unter Berücksichtigung des Verdünnungsfaktors, eingesetzt.

2.2.9 Electrophoretic Mobility Shift Assay (EMSA)

Mit dieser Methode kann festgestellt werden, ob z.B. Transkriptionsfaktoren wie CREB an das entsprechende DNA-Motiv binden. Mit steigender Proteinkonzentration bilden sich DNA / Proteinkomplexe während die Bande der freien DNA abnimmt (Abbildung 14). Es wurde eine leicht veränderte Version des Protokolls von Schumacher und Kollegen (paper submitted) verwendet. Anstatt der dort beschriebenen Polyacrylamidgele wurden hier 2 % Agarosegele mit 0,5 X TBE Puffer verwendet. Die in allen EMSA Experimenten verwendete 5'-Fluorescein-CRE Bindesequenz lautet 5`-GATCCGGCTGACGTCATCAAGCTA.

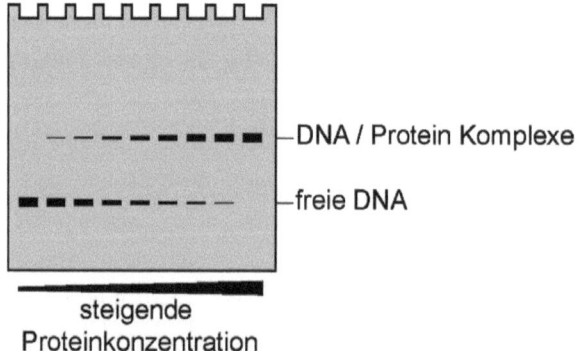

Abbildung 14: Schematische Darstellung eines elektrophoretischen Mobilitätsshift Assays. Durch die steigende Proteinkonzentration nimmt bei einer erfolgreichen Komplexbildung die Bande der freien DNA kontinuierlich ab, während sich ein DNA / Protein Komplex durch verändertes Laufverhalten weiter oben im Gel detektieren lässt.

2.2.10 Überexpression und Aufreinigung von CREB

Das Klonieren von CREB wurde nach einer modifizierten Version des Protokolls von Kersten und Kollegen [58] durchgeführt. An den N-Terminus des humanen full-length CREB wurde ein RGS-6xHis-tag gehängt, während die Expression in *E. coli* BL21 codon-plus RB stattfand. Die Aufreinigung wurde anschließend über eine Affinitätschromatographie mittels Ni-NTA Matrix, nach leicht modifizierten Herstellerangaben, durchgeführt. Als Elutionspuffer wurde 2 x PBS + 250 mM Imidazol verwendet. Das gereinigte Protein wurde mittels BCA-Kit quantifiziert (2.2.7).

2.2.11 *in vitro* Phosphorylierung von CREB

Phosphoryliertes CREB dient als Positivkontrolle für Stimulierungsexperimente im PKA Signaltransduktionsweg [59]. *In vitro* phosphoryliertes CREB wurde daher sowohl für Western Blots als auch für Arrayexperimente verwendet. Um CREB *in vitro* zu phosphorylieren, wurde eine leicht modifizierte Version des Protokolls nach Bradshaw benutzt [60]. 250 U der katalytischen Untereinheit der Protein Kinase A (PKA Cα) wurden mit 200 pmol CREB, 200 nmol ATP und 1 X PKA Reaktionspuffer bei 30° C für 30 Minuten inkubiert. Die Reaktion wurde anschließend durch kurzes, 5 minütiges, aufkochen gestoppt und der Ansatz mittels Western Blot kontrolliert.

2.2.12 Benzonaseverdau der Zelllysate

Alle stimulierten Zelllysate wurden auf Eis aufgetaut. Danach wurde der Benzonaseverdau für 15 Minuten auf Eis durchgeführt. Der Verdau wurde, wie in Tabelle 22 dargelegt, angesetzt.

Tabelle 22: Benzonaseverdau der Zelllysate

Benzonaseverdau der Zelllysate	
100 µl	Zelllysat
1 µl	Benzonase (entspricht 25 U)
ad 200 µl	dH_2O

Wenn nicht anders gekennzeichnet, wurden alle Zelllysate vor dem Spotten mit 1 µl (entspricht 25 U) Benzonase behandelt. Die Proben wurden anschließend bei 4.200 rpm für 1 Minute abzentrifugiert. Der Überstand wurde in neue Gefäße überführt und die Proben, wie in 0 beschrieben, weiterverarbeitet.

2.2.13 Herstellung der Reverse Phase Protein Microarrays

Nach erfolgtem Benzonaseverdau wurden die Proben für 10 Minuten bei 75° C erhitzt. Nach der Hitzeinaktivierung der gesamten Proben wurden diese in vordefinierte Positionen einer 384-Well Platte von Genetix überführt (Abbildung 8 (4)). Des Weiteren wurde eine Verdünnungsreihe des penta-His Alexa Fluor 532 markierten Antikörpers in die Platte überführt. Dieser Antikörper dient später als so genannter Eckpunktmarker und hilft bei der Identifizierung der Orientierung der Arrays auf den Slides. Durch das Aufbringen der Eckpunktmarker ist eine spätere Zuordnung aller Punkte zu jeder Zeit gegeben (siehe Abbildung 15). Darüber hinaus können die Eckpunktmarker zur Analyse der Vergleichbarkeit innerhalb eines Spottingvorgangs aber auch zwischen zwei verschiedenen Läufen benutzt werden. Sie geben daher Aufschluss über die inter- und intra-Reproduzierbarkeit der hergestellten Microarrays. Ein Vergleich dieser Marker auf verschiedenen Oberflächen wurde verwendet, um ein geeignetes Substrat für RPMAs zu ermitteln.

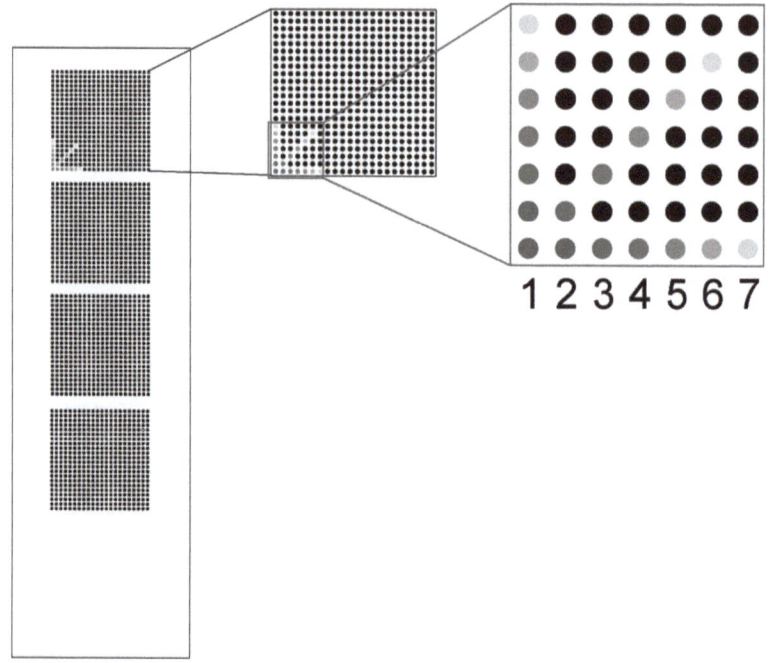

Abbildung 15: Schematische Darstellung der Eckpunktmarker. Durch das Aufbringen dieser Eckpunktmarker in einer charakteristischen Anordnung ist eine Zuordnung aller Punkte auf dem Slide zu jeder Zeit möglich. Dabei wurden folgende Konzentrationen verwendet: (1) Penta His 532 20ng/µl (2) Penta His 532 20ng/µl (3) Penta His 532 10ng/µl (4) Penta His 532 5ng/µl (5) Penta His 532 2,5ng/µl (6) Penta His 532 1,25ng/µl (7) Penta His 532 0,625ng/µl. Alle Eckpunktmarker wurden in Triplikaten auf den Slide gebracht.

Als Positivkontrolle wurde das in 2.2.11 hergestellte p-CREB in einer Verdünnungsreihe ebenfalls in die Platte überführt. Als Negativkontrolle dienten sogenannte Blank Spots, Spots die freigelassen wurden. Alle Verdünnungen wurden mit 1 X PBS-T (0,05 % Tween-20) Puffer angesetzt. Ungefähr 1 nl (3 Tropfen à ca. 300 pl) der Proben wurde mit dem SciFLEXARRAYER S5 von Scienion (Berlin, Deutschland) auf die Slides übertragen. Dabei war die Spottingreinfolge von A1 nach C1 von A2 nach C2 usw. (siehe Abbildung 8 (5)). Vor und nach dem Spotvorgang einer jeden Probe wurde ein Foto des Tropfens angefertigt, um sicherzustellen, dass der Tropfen abgegeben wurde und um eventuelle Veränderungen im Volumen zu dokumentieren (Abbildung 8 (2)). Um eventuelle Verunreinigungen und Kreuzkontaminationen zu vermeiden, wurde die Düse sowohl in- als auch extern mit Wasser respektive 1 X PBS-T (0.05% Tween-20) gewaschen (Abbildung 8 (3)). Um ein Verstopfen der Düse zu verhindern, wurde zwischen den Probeaufnahmen die Düse mittels Ultraschall gereinigt. Insgesamt wurden fünf Replikate jeder Probe in einer Zufallsanordnung auf dem Slide verteilt. Der Abstand von Spot zu Spot betrug bei allen Experimenten zwischen 500-700 µm. Nach der Herstellung der Arrays wurden diese Vakuum verschweißt und bei 4° C für drei Tage gelagert. Für die Probenzuordnung wurde das sogenannte .gal-File Format verwendet.

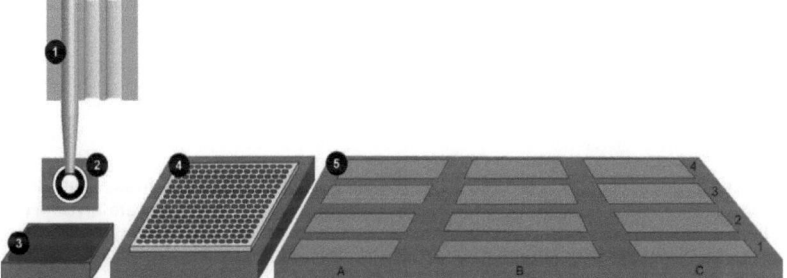

Abbildung 16: Schematischer Aufbau des SciFLEXARRAYERs S5. (1) Düse in Haltevorrichtung (2) CCD Kamera (3) Waschstation (4) 384-Well Platte (5) Slidehalterung für Objektträger

2.2.14 Herstellung der Epoxy beschichteten Slides

Falls nicht anders gekennzeichnet, wurden alle in dieser Arbeit verwendeten, Epoxy beschichteten, Slides am Fraunhofer Institut für Biomedizinische Technik hergestellt.

2.2.15 Handhabung der Epoxy beschichteten Slides

Falls nicht anders gekennzeichnet, wurden alle Slides in einer automatisierten Anlage zur Slideinkubation prozessiert (Abbildung 17).

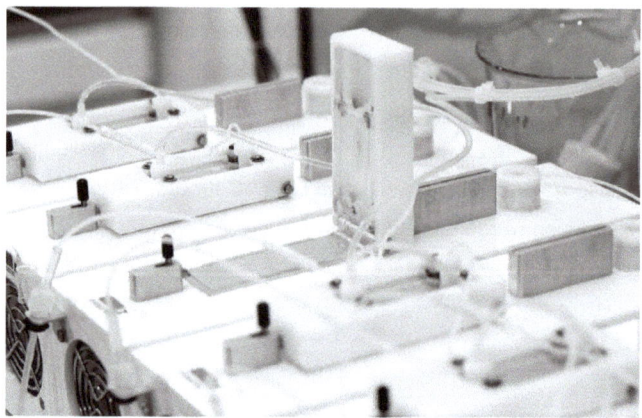

Abbildung 17: Anlage zur automatisierten Inkubation von Slides. Die Slides werden in die Anlage gelegt und durch herunterklappen des Deckels arretiert. Im Deckel befindet sich ein O-Ring, welcher gleichzeitig die Inkubationsfläche bildet und diese gleichzeitig abdichtet.

Anfängliche Versuche wurden mit dem Agilent Kammersystem zur Slideinkubation durchgeführt (Abbildung 18) Alle Wasch- und Verdünnungsschritte wurden mit 1 X PBS-T (0,05 % Tween-20) durchgeführt. Falls nicht anders gekennzeichnet, wurden alle Slides für 90 Minuten mit 1 X PBS-T (0,05 %) + 10 % Milchpulver geblockt. Nach der Herstellung der Reverse Phase Protein Microarrays in Punkt 0 wurden die Arrays 10 Minuten gewaschen. Anschließend wurden diese für 90 Minuten bei Raumtemperatur geblockt, gefolgt von einem weiteren 10 Minuten Waschschritt. Die Arrays wurden für 90 Minuten mit primären und für 60 Minuten mit sekundärem Antikörper inkubiert. Zwischen den beiden Inkubationen wurde ebenfalls für 10 Minuten gewaschen. Vor dem Einscannen der Arrays wurden diese in ein Glas mit autoklaviertem und filtriertem Wasser getaucht und anschließend mit Stickstoff getrocknet. Alle Inkubationsschritte wurden stets im Dunkeln durchgeführt, um ein mögliches Ausbleichen der Fluoreszenzfarbstoffe zu vermeiden.

Abbildung 18: Unterschiedliche Kammersysteme zur Slideinkubation. Links: Die vier O-Ringe werden um 4 gespottete Subarrays gelegt. Die O-Ringe dienen der Abdichtung und gleichzeitig als Inkubationsraum für die entsprechenden Antikörper. Der Deckslide wird mit dem bespotteten Slide zusammen in die Halterung gelegt und anschließend mit einer Schraube fest fixiert. Rechts: FAST-Frame System mit 16 Kammern zur simultanen Inkubation von 16 Subarrays.

2.2.16 Handhabung der Nitrozellulose beschichteten Slides

Alle Wasch- und Verdünnungsschritte wurden mit 1 X PBS-T (0,05%) durchgeführt. Die Nitrozellulose beschichteten FAST-Slides wurden in ersten Experimenten mit PBS-T + 3% BSA geblockt. Der Block- und Waschvorgang fand in den dafür vorgesehenen FAST-Frames (Abbildung 18) statt. In darauf folgenden Experimenten wurden die Slides in 50 ml Falcon Gefäßen mit 1 X PBS-T und 10 % Milchpulver geblockt und gewaschen. Die Inkubation in den Falcon Gefäßen fand stets auf einem Rotationsinkubator statt. Wie auch bei den Epoxy beschichteten Slides, wurde zwischen den einzelnen Assayschritten 10 Minuten lang mit 1 X PBS-T (0,05%) gewaschen. Die Inkubationszeiten der primär und sekundär Antikörper betrugen ebenfalls 90 Minuten bzw. 60 Minuten. Die Slides wurden mittels Zentrifugation bei 2000 rpm getrocknet.

2.2.17 Epicocconone Färbung

Der Farbstoff Epicocconone wurde zuerst von Bell und seinen Kollegen [61] beschrieben. Die Verwendung dieses Farbstoffes, zur Quantifizierung von Proteinen auf Microarrays, wurde erst im Jahre 2011 von Gallagher und Kollegen beschrieben [53]. Das in dieser Arbeit verwendete FluoroProfile® Protein Quantification Kit enthält diesen Farbstoff und das mitgelieferte Protokoll zur Färbung von Proteinen wurde hinsichtlich der Verwendung für Microarrays angepasst. Nach der Herstellung der RPMAs in Abschnitt 0 wurden die Slides 10 Minuten mit 1 X PBS-T (0,05%) Puffer gewaschen. Anschließend wurden die Slides mit der Epicocconone Lösung bestehend aus: i) Epicocconone, (ii) ddH_2O und dem (iii) Quantifizierungspuffer aus dem Kit in einem Verhältnis von 1:8:1; für eine Stunde inkubiert. Um mögliche Veränderungen des Proteingehalts nachweisen zu können, müssen die angefärbten Slides genauso behandelt werden, wie die des eigentlichen Assays. Daher wurden die Slides nach der Färbeprozedur genauso behandelt wie in Abschnitt 0 beschrieben. Anstatt der Antikörperlösung wurden die gefärbten Slides mit PBS-T (0,05%) inkubiert, um einen möglichen Verlust der Proteine durch das Waschen und Inkubieren zu simulieren. Aus einer Charge von 12 hergestellten Arrays wurden jeweils der erste (Abbildung 8 (A1)) und der letzte Slide (Abbildung 8 (C3)) in der Produktionsreihe angefärbt, um eventuelle Änderungen der Immobilisierungseffizienz über den Zeitraum des Spotvorgangs und während des Assays ausgleichen zu können.

2.2.18 Datenanalyse und Normierung der Daten

Alle Slides wurden mit dem Axon Genepix 4200A Scanner, bei konstanter Laserstärke und gleichen Photomultiplier Einstellungen, eingelesen. Für die Auswertung der Bilder wurde die GenePixPro v6.1 Software benutzt. Das lokale Hintergrundsignal wurde durch die Standardsubtraktionsmethode von GenePix abgezogen. Dabei handelt es sich um eine lokale Hintergrundkorrektur (Abbildung 19). Es werden ein enger und ein etwas weiterer Kreis um das eigentliche Feature gelegt. Der erste Kreis hat die Breite von zwei Pixeln und wird nicht zu der Berechnung des Hintergrundsignals herangezogen. Durch das Anlegen dieses ersten Kreises werden Spots, die keinen perfekten Kreis darstellen oder ausbluten nicht mit sich selbst subtrahiert. Der zweite Kreis ist 3-mal so groß wie das Feature selbst. In seiner Größe stößt er somit an die zwei Pixelregion der benachbarten Features. Dieser größere Kreis wird als Hintergrund definiert und im Median von der Medianintensität des Features abgezogen. Der so erreichte Wert ist somit um eventuelle Verunreinigungen im näheren Spotumfeld korrigiert.

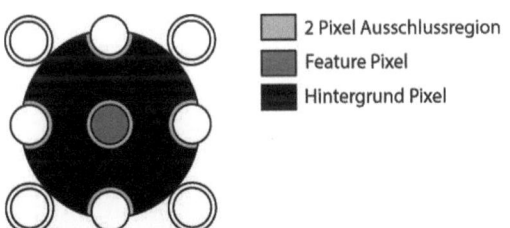

Abbildung 19: Berechnung des lokalen Hintergrundsignals. Um das Feature selbst wird eine Region von zwei Pixeln definiert, in der der Hintergrund nicht berechnet wird. Zur Berechnung des Hintergrundsignals wird ein Kreis mit dem 3-fachen Durchmesser des Features erstellt. Der so ermittelte Hintergrund wird dann von den Feature Pixeln subtrahiert.

Vor der eigentlichen Datenauswertung wurden von jedem Slide zu unterschiedlichen Zeiten Scans angefertigt: (1) direkt nach dem Spotten, (2) nach dem Blocken und Waschen, (3) nach der Antikörperinkubation. Nach (1) kann festgestellt werden, ob der Array für einen Assay geeignet ist und das Spotbild homogen aussieht. Nach (2) wird festgestellt ob eine eventuelle Autofluoreszenz der gespotteten Proben im letzten Schritt abgezogen werden muss. Die Akquise der eigentlichen Rohdaten geschieht mit (3). Grundsätzlich sind alle bei (2) ermittelten Autofluoreszenzen bei der Auswertung berücksichtigt und wurden von den Rohdaten vor der Auswertung abgezogen. Anschließend wurde von jeder der gespotteten fünf Replikate pro Probe nach dem Bild (3) der Mittelwert gebildet. Aus einer Charge von 12 Slides wurde jeweils der Slide A1 und C4 mittels Epicocconone gefärbt. Dabei wurde der Mittelwert von 10 Spots (fünf pro Array) berechnet. Der Spot (Guidedots und Kontrollen ausgenommen) mit der höchsten Intensität wird dabei auf eins gesetzt. Alle anderen Proben werden dem entsprechend angeglichen. Der so ermittelte Faktor wurde benutzt um eventuelle Abweichungen im Immobilisierungsverhalten der Proben und auch unterschiedliche Tropfengrößen mathematisch korrigieren zu können. Eine weitere Datenbearbeitung der Rohdaten erfolgte mit der OriginPro Software 8.1G.

3 Ergebnisse

Im folgenden Abschnitt werden die Ergebnisse vorgestellt. Ziel der Arbeit war die relative Quantifizierung von Proteinen auf Reverse Phase Protein Microarrays. Um einen Aktivierungsverlauf in einer Signaltransduktionskaskade auf einem Microarray nachvollziehen zu können, sind im Vorfeld verschiedene Schritte notwendig um verlässliche Daten zu erlangen:

3.1 Zellkultur, Signaltransduktion, Zellaufschluss und Quantifizierung der Lysate
3.2 Antikörpervalidierung und Herstellung der Kontrollen
3.3 Herstellen von Reverse Phase Microarrays
3.4 Auswerten der Microarraydaten
3.5 Signaltransduktion auf RPMAs

3.1 Zellkultur, Signaltransduktion, Zellaufschluss und Quantifizierung der Lysate

Um die Analyse von Signaltransduktionswegen nachvollziehen zu können, bedarf es eines geeigneten Modellsystems zur Etablierung. Ein gut beschriebenes System stellt der PKA Signaltransduktionsweg dar [12, 62-64]. Sowohl Stimuli, die zu einer Aktivierung der PKA führen, als auch Interaktionspartner die an der Signalkaskade beteiligt sind, wurden bereits beschrieben und sind bekannt. Dazu wurden verschiedene Zelllinien auf ihre Verwendung getestet, die Herstellung von Zelllysat optimiert und der Extrakt mit verschiedenen Methoden quantifiziert, um eine möglichst genaue Bestimmung der Proteinkonzentration zu gewährleisten.

3.1.1 Zellkultur

Insgesamt wurden 3 Zelllinien (F11 Zellen, HEK293 und COS-7 Zellen) untersucht. Jede dieser Zelllinien wurde unter den Gesichtspunkten: Wachstumsrate, Stimulation und Aktivierung des PKA Signaltransduktionsweges hin untersucht. Wichtige Kriterien waren dabei, die Menge an Proteinextrakt (Proteinkonzentration) für die folgenden Analysen und ob die Zellen sich über einen Zeitraum von mehreren Passagen morphologisch verändern. Eine Änderung des Phänotyps ist meistens durch eine Änderung des Proteoms bedingt und sollte daher nicht ohne Stimulation erfolgen. Zelllinien bei denen eine solche Änderung beobachtet wurde, wurden für anschließende Experimente ausgeschlossen.

Bei F11 Zellen handelt es sich um eine Hybridoma Zelllinie aus Dorsal Root Ganglion Zellen (aus Ratte) und Neuroblastoma Zellen (aus Maus). Die Zellen wurden in HAMs F12 Medium kultiviert und das Wachstum und die Morphologie über mehrere Generationen mikroskopisch verfolgt. Die adhärent wachsenden neuronalen F11 Zellen bildeten Anfangs runde Kolonien mit wenig axonalem Wachstum. Nach einigen Passagen veränderten sich die Zellen morphologisch, in dem sie sichtbar axonales Wachstum zeigten (3 Passagen; Abbildung 20). Trotz Aufrechterhaltens des Selektionsdrucks (durch den Zusatz von HAT = Hypoxanthin, Aminopterin, Thymidin) war die Zellkulturlinie über einen längeren Zeitraum nicht stabil. Deswegen wurden F11 Zellen für die folgenden Experimente nicht verwendet.

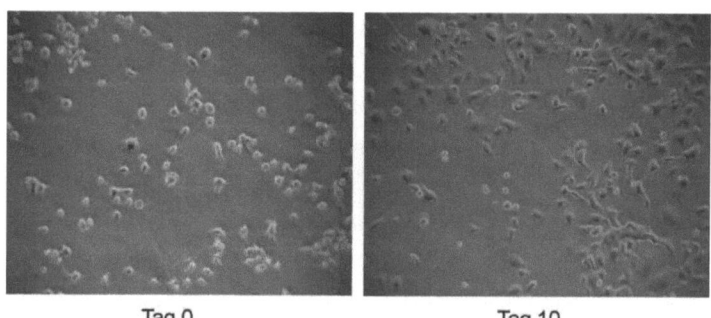

Tag 0 Tag 10

Abbildung 20: Morphologische Veränderungen der F11 Zelllinie in 10 Tagen. (Links) F11 Zelllinie Passage 8 (Rechts) nach Passage 11. Es sind deutliche morphologische Veränderungen zu beobachten.

Die F11 Zelllinie ist eine Hybridomazelllinie, dementsprechend waren die Generationszeiten länger als bei anderen Zellen. Zusätzlich war die Zelldichte der F11 Zellen im Vergleich zu HEK293 und COS-7 Zellen deutlich geringer. Das bedeutet, dass in gleicher Zeit weniger Zelllysat hergestellt werden konnte.

Die Ergebnisse der Zellkulturexperimente zeigten, dass sich F11 Zellen nicht für eine weitere Analyse eigneten, weil sie sich morphologisch innerhalb weniger Passagen verändern. Hingegen sind die gut etablierten Zelllinien HEK 293 und COS-7 stabil und ließen sich unter milden Bedingungen lysieren. HEK steht für „Human Empryonic Kidney" und ist ein Transformationsprodukt aus embryonalen, menschlichen Nierenzellen mit Teilen eines ebenfalls menschlichen Adenovirus. Die Zelllinie wurde Anfang der °70ger Jahre etabliert und gehört zu den adhärent wachsenden Zellkulturlinien.

Die COS Zelllinie stammt ebenfalls aus Nierenzellen, wurde jedoch aus Primatenzellen gewonnen und anschließend immortalisiert. Die COS Zelllinie gehört ebenfalls zu den adhärent wachsenden Zellkulturlinien. Alle Zellkulturexperimente der COS-7 Zelllinie wurden in Kooperation an der Universität Kassel durchgeführt.

3.1.2 Untersuchung der Lyseeffizienz beim Zellaufschluss

Nach der Auswahl einer geeigneten Zelllinie ist der nächste Schritt hin zum RPMA die Lyse der Zellen. Um Signaltransduktionsevents erfolgreich auf einem RPMA darstellen zu können ist die Lyse der Zellen von großer Bedeutung. Ein möglichst vollständiger Zellaufschluss und damit verbunden, eine hohe Proteinausbeute ist ein wichtiger Schritt um auch niedrig expremierte Proteine, wie z.B. Transkriptionsfaktoren, auf Microarrays nachweisen zu können. Ist die Lyse unvollständig, gelangt nur ein Bruchteil der Proteine auf den Array und befindet sich damit unter Umständen unterhalb der Detektionsgrenze der RPMAs. Die Lyseeffizienz wurde anhand der Inkubationsdauer mit dem entsprechenden Lysepuffer bestimmt. Bei den in dieser Arbeit verwendeten Zellkulturlinien handelt es sich um adhärent wachsende Zelllinien. Das Ablösen der adhärent wachsenden Zellen ist ein Indiz für die Lyse der Zellen. Abbildung 21 zeigt exemplarisch den Lyseverlauf von HEK293 Zellen über einen Zeitraum von 3 Minuten. Nach 3 Minuten sind fast alle Zellen abgelöst. Um sicher zustellen das alle Zellen lysiert sind wurde in Übereinstimmung mit dem Herstellerprotokoll die Lysezeit auf 10 Minuten festgelegt.

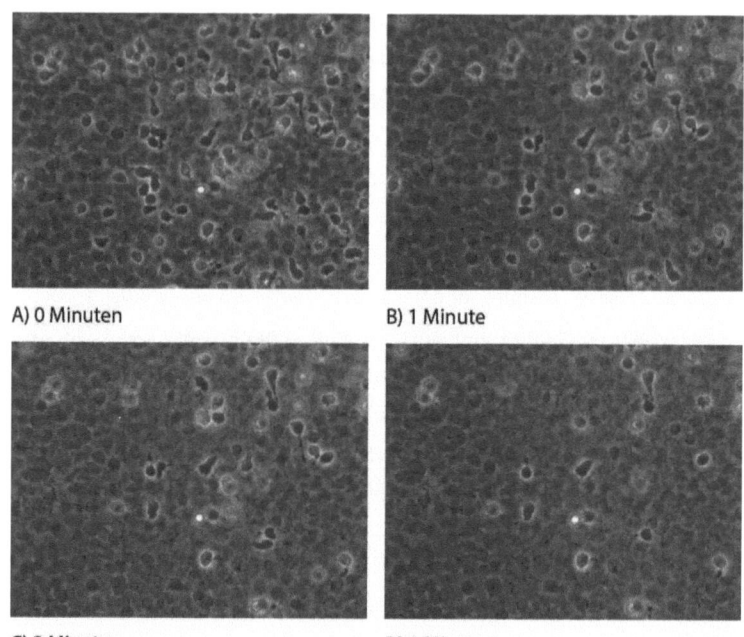

A) 0 Minuten B) 1 Minute
C) 2 Minuten D) 3 Minuten

Abbildung 21: Zeitlicher Ablauf der Lyse von HEK293 Zellen. Nach der Zugabe des M-PER Puffers ist der Lyseverlauf unter dem Mikroskop in einer 1 : 1000 Vergrößerung dargestellt. Nach 3 Minuten haben sich fast alle Zellen von der Kulturflasche gelöst.

Um den Array adäquat auswerten zu können, müssen die einzelnen Features bzw. die Menge an immobilisierten Protein untereinander und zueinander korrigiert werden. Ein wichtiger Faktor zur Normalisierung ist dabei die Konzentration der verwendeten Proteinextrakte. Trotz gleicher Zellzahl und identischer Lysebedingungen können die Proteinkonzentrationen stark schwanken. Abbildung 22 zeigt 16 verschiedene Zellkulturansätze die alle parallel nach dem gleichen Protokoll und der zuvor ermittelten Zeit von 10 Minuten lysiert wurden. Wie im Gel zu erkennen ist, unterscheidet sich die Proteinkonzentration der einzelnen Lysate deutlich. Werden die Signalintensitäten in Prozent umgerechnet, wird deutlich dass sich die Lysate mit Ausnahme von Lysat 11 um bis zu 15 % unterscheiden. Um eine spätere Normalisierung der Daten auf einem Array mathematisch vorzunehmen, wurde über die Signalintensität der einzelnen Spuren ein Faktor ermittelt, anhand dessen die anschließenden Daten normalisiert werden konnten (siehe Abbildung 44). Hierzu wurde die höchste Intensität (Lysat 11) auf 1 gesetzt und alle anderen Proben an dieses Lysat angeglichen. Der so ermittelte Faktor wurde benutzt um später die gespotteten Lysate mathematisch untereinander anzugleichen.

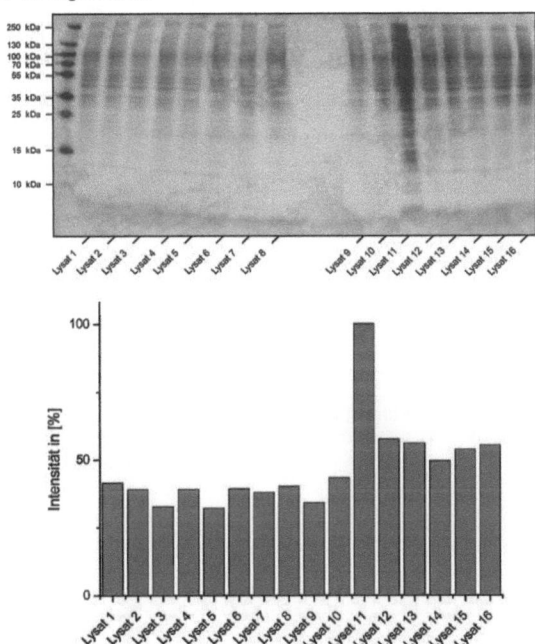

Abbildung 22: Unterschiedliche Proteinkonzentration der Zelllysate. 16 identische Zellkulturansätze wurden lysiert und die dadurch gewonnenen Proteinlysate wurden auf ein SDS-PAGE Gel aufgetragen. Ausgewertet wurde das Gel mit der AIDA Software, anhand der Intensitäten einer jeden Spur. Das Balkendiagramm zeigt die um den Hintergrund korrigierten Intensitätswerte in Prozent.

Die quantifizierten Werte erlauben eine Normalisierung der unterschiedlichen Proteinkonzentrationen und somit das Angleichen der Konzentrationen vor dem Spotten und ein Auswerten der einzelnen Features.

Die Ergebnisse der Zelllyse zeigten, dass sich die Konzentrationen nach der Lyse zum Teil deutlich unterscheiden können. Zur Bestimmung möglicher Konzentrationsunterschiede der verschiedenen Zelllysate, muss eine

Quantifizierung durchgeführt werden. Anfängliche Experimente hatten gezeigt, dass die Standardquantifizierungsmethode nach Bradford bei Mehrfachbestimmungen starken Schwankungen unterlag. Um eine weitere Methode zu testen, wurden identische Lysate in Replikaten mit der BCA Methode bestimmt und mit der Bradfordmethode verglichen. In Abbildung 23 ist eine exemplarische Gegenüberstellung beider Methoden zu sehen. Beide Methoden haben denselben linearen Bereich. Die Standardreihe wurde bei beiden Methoden mit einer Konzentrationsreihe von Rinderserum Albumin (BSA) hergestellt. Dabei wurde in jedem Versuch eine Doppelbestimmung durchgeführt. Die Reproduzierbarkeit beider Methoden betrug dabei über 95 %. Wie in Abbildung 23 zu erkennen ist, war die Bestimmung der Standardkonzentrationsreihe mittels BCA etwas genauer ($r^2 = 0.99$) als die Bestimmung mittels Bradford ($r^2 = 0.96$). Besonders bei hohen Konzentrationen ist der Unterschied zwischen beiden Methoden zu erkennen. Dort sind bei der Konzentrationsreihe mittels Bradford einige Ausreißer zu erkennen. Mit der jeweils errechneten Geradengleichung kann dann die Konzentration des unbekannten Lysates bestimmt werden.

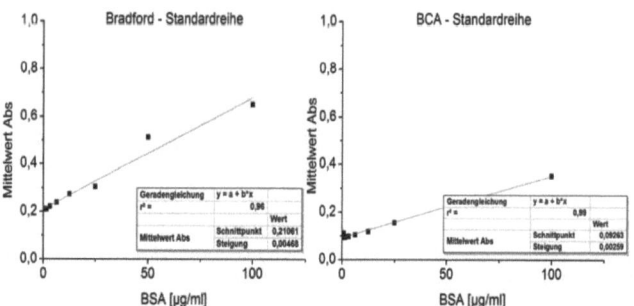

Abbildung 23: Bradford (links) und BCA (rechts) – Standardreihe. Bestimmung einer Standardkonzentrationsreihe anhand von vordefinierten BSA Konzentrationen. Darstellung des linearen Zusammenhangs zwischen Absorption und der steigenden BSA Konzentration.

In Abbildung 24 ist die Konzentrationsbestimmung der Lysate mittels BCA und Bradford dargestellt. Für die Lysate wurde jeweils eine Doppelbestimmung durchgeführt. Bei der Bestimmung mittels BCA wurde ein durchschnittlicher

Wert von ca. 1500 µg/ml bestimmt. Während die Bestimmung mittels Bradford einen Wert von ca. 1800 µg/ml ergab. Ein Vergleich beider Konzentrationsbestimmungen zeigt, dass die Doppelbestimmungen mittels BCA näher beieinander liegen als die Bestimmungen mittels Bradford. Auch ist die Standardabweichung der einzelnen Bestimmungen bei der BCA Methode deutlich geringer. Auf Grund der geringeren Abweichungen bei den Messungen wurde für die folgenden Experimente die Quantifizierung mit der BCA Methode durchgeführt.

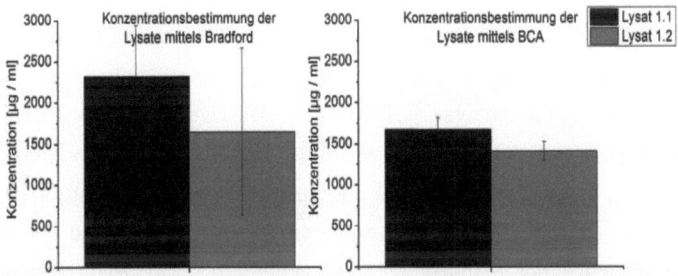

Abbildung 24: Konzentrationsbestimmung der Lysate mittels Bradford (links) und BCA (rechts). Doppelbestimmung der Proteinkonzentration des gleichen Lysates. Diagramm einer Doppelbestimmung mit 7 Verdünnungen. Die Verdünnungen 1:20, 1:40 und 1:80 (BCA) und 1:100 (Bradford) liegen im linearen Bereich der BSA-Standardreihe (Abbildung 23). Dargestellt ist der Mittelwert der drei (bzw. vier für Bradford) Verdünnungen mit der dazugehörigen Standardabweichung. Der Verdünnungsfaktor wurde bereits verrechnet.

Um mögliche Konzentrationseffekte zu untersuchen wurden die, im folgenden Abschnitt stimulierten, Zellen fraktioniert. Dabei wurden die Proteine aus dem Zytosol bzw. dem Zellkern in einzelnen Fraktionen angereichert. Eine solche Anreicherung ist von Vorteil, wenn z.B. Transkriptionsfaktoren wie CREB in geringer Kopienzahl vorkommen und erleichtert, durch die Anreicherung, einen anschließenden Nachweis.

3.1.3 Signaltransduktion

Die Stimulierung von Zellen mit Forskolin führt zu einer Aktivierung der PKA innerhalb von 2-5 min über einen Zeitraum von ca. 60 min. Zur Etablierung der Stimulierung wurden F11 und HEK293 Zellen mit 50 µM Forskolin für einen Zeitraum von 10 Minuten stimuliert. Dazu wurden die Zellen vor der Stimulierung für 2 Stunden ohne FKS und Pen / Strep ausgehungert um sicher zu stellen, dass sich alle Zellen im selben Zellzyklus befinden. Die Zellen wurden für 10 Minuten mit M-PER Puffer lysiert und gleichzeitig in eine Zytosolische- und eine Kernfraktion geteilt. Die einzelnen Fraktionen wurden anschließend mittels Western Blot analysiert (Abbildung 25). Ein Zielprotein der PKA ist der Transkriptionsfaktor CREB. Als Positivkontrolle wurde neben Zellextrakt, rekombinantes CREB und *in vitro* phosphoryliertes CREB aufgetragen. Die Western Blots wurden dabei mit Antikörpern gegen CREB, phosphoryliertes CREB (pCREB) und zusätzlich mit einem Antikörper der alle phosphorylierten PKA Substrate erkennt (pPKA-Antikörper) und einem Protein das sich nach der Stimulierung nicht verändern sollte (Hypoxanthin-Guanin-Phosphoribosyltransferase, HRPT) inkubiert und anschließend mit einem sekundären, fluoreszenzmarkierten Antikörper detektiert. Alle Blots wurden zur Kontrolle des Blottens mit Ponceau S angefärbt (Abbildung 25). Die Intensität des HEK293 Extraktes war deutlich höher als der Extrakt der F11 Zellen. Dies ist auf die kürzere Generationszeit der Zelllinie und damit einhergehend einer höheren Zellzahl verbunden. Um die Stimulierung zu kontrollieren wurde ein pPKA-Antikörper verwendet. Dieser Antikörper erkennt das Epitop der PKA mit der Sequenz RRXS/T, wobei das Serin oder Threonin phosphoryliert sein muss. Dieser Antikörper ist in der Lage Proteine, die durch die PKA phosphoryliert wurden, zu erkennen. Er kann als Indikator für eine erfolgreiche Stimulierung verwendet werden. Die PKA agiert sowohl im Zytosol als auch im Zellkern. Der pPKA-Antikörper konnte Proteine in beiden Fraktionen erkennen. Bereits vor der Stimulierung konnten einige Signale detektiert werden, was auf eine Grundaktivität der PKA zurückzuführen ist. Die Intensität der Signale hat nach 10 Minuten deutlich zugenommen, was für eine erfolgreiche Stimulierung spricht. Der pCREB AK detektiert nur das am Serin 133 phosphorylierte CREB, welches sich im Kern befindet und die *in vitro* hergestellte Positivkontrolle. Auch hier war bereits zum Zeitpunkt 0 Minuten eine geringe Phosphorylierung des Transkriptionsfaktors CREB zu detektieren. Der anti CREB AK erkennt wie erwartet nur das angereicherte CREB in der Zellkernfraktion und die beiden Positivkontrollen. Eine entsprechende Ladekontrolle erfolgte mit dem Housekeepinggen HPRT. Auch hier waren die Banden bei dem Extrakt der F11 Zelllinie weniger intensiv als bei dem Lysat der HEK293 Zellen.

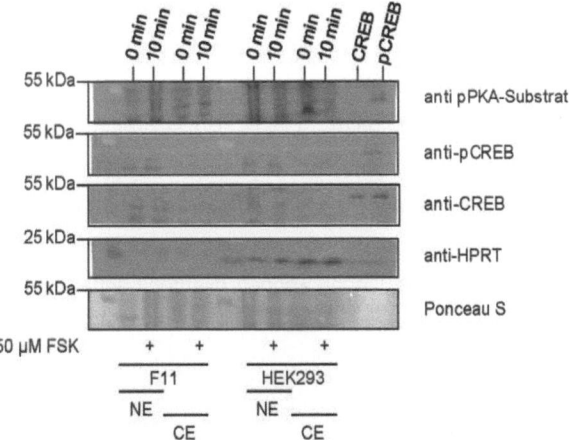

Abbildung 25: Stimulierungsexperimente mit HEK293 und F11 Zellen. Um die Stimulierung in der Zellkultur zu etablieren, wurden die oben genannten Zelllinien für 10 Minuten mit 50 µM Forskolin stimuliert. Die Zellen wurden lysiert und nach zytosolischem (CE) und nuklearen Extrakt (NE) fraktioniert. Als Positivkontrollen wurden wt-CREB und in vitro phosphoryliertes CREB in den letzten beiden Spuren aufgetragen. Die Blots wurden dann mit den oben stehenden AK inkubiert. Sowohl CREB als auch pCREB sind wie erwartet nur in der Fraktion des Zellkerns zu finden. Da die PKA ihre Zielproteine in beiden Fraktionen phosphoryliert, spiegelt dies auch der Blot wieder. Zur Kontrolle wurden alle Blots mit Ponceau S angefärbt um den Proteinübertrag zu dokumentieren. Die hier gezeigte Färbung steht exemplarisch für die anderen Blots. Um die Beladung zu überprüfen, wurde der Blot mit einem anti-HPRT AK angefärbt. Da HEK293 Zellen kürzere Generationszeiten als die F11 Zellen haben ist die Bandenintensität des HEK293 Extraktes grundsätzlich höher.

Die Stimulierungen der jeweiligen Zelllinien haben ergeben, dass weder die F11 Zellen noch die HEK293 Zellen ein geeignetes Modelsystem für die Aktivierung des PKA Signaltransduktionsweges darstellen. Beide Zelllinien haben eine geringe Konzentration an CREB Protein, weswegen CREB als Zielprotein für die Stimulierung zusammen mit einem fluoreszenzmarkierten Antikörper ungeeignet erscheint. Durch die ausgewiesene Expertise der Arbeitsgruppe von Prof. Dr. F. Herberg auf dem Feld der PKA wurden alle Stimulierungsexperimente mit COS-7 Zellen in Kooperation durchgeführt.

Wie bereits das Stimulierungsexperiment gezeigt hat, ist der Proteingehalt der Zelllinien unterschiedlich. Eine Ladekontrolle über Housekeeping Gene ist mit bestimmten Risiken verbunden. Einige Housekeeping Gene unterliegen ebenfalls expressionsbedingten Schwankungen. Darüber hinaus ist diese Gruppe der Proteine besonders stark expremiert. In einigen Fällen kann es somit zu einer Überladung der Bindekapazität der Western Blot Membran kommen. Durch diese Überladung können eventuell auftretende Unterschiede nicht mehr eindeutig detektiert werden. Eine zusätzliche Kontrolle mittels Coomassie Färbung der hergestellten Lysate gibt einen weiteren Anhaltspunkt über Unterschiede der Proteinkonzentrationen.

3.2 Antikörpervalidierung und Herstellung der Kontrollen

Neben der vorher beschriebenen Herstellung der Zelllysate gibt es zwei weitere wichtige Faktoren, (i) Positivkontrollen und (ii) validierte Antikörper. Ein Ziel der Arbeit war mittels RPMAs den PKA Signaltransduktionsweg zu untersuchen. Für die Auswertung wird eine entsprechende Kontrolle für dessen Aktivierung benötigt. Am Ende des PKA Signalweges befindet sich der Transkriptionsfaktor CREB, der an Serin 133 durch die Proteinkinase A phosphoryliert wird. Durch die *in vitro* Phosphorylierung von CREB, kann eine Positivkontrolle auf den Array gebracht werden, um sicherzustellen, dass der Antikörperassay in jedem Fall funktioniert.

Die in den RPMAs verwendeten Antikörper müssen validiert werden. Bei Reverse Phase Protein Microarrays handelt es sich um miniaturisierte Dot Blots. Es findet keine Auftrennung der Lysate bzw. Proteine nach ihrer entsprechenden Größe statt. Im Vorfeld muss ausgeschlossen werden, dass die verwendeten Antikörper eine Kreuzreaktivität mit anderen Proteinen zeigen. Dies könnte zur Fehlinterpretation der späteren Signale führen und muss daher ausgeschlossen werden.

3.2.1 Positivkontrollen

Nach der Überexpression von wt-CREB wurde dieses mittels Ionen-Affinitätschromatographie (Ni-NTA) aufgereinigt und die Qualität der Aufreinigung mittels SDS-PAGE kontrolliert (Abbildung 26). Nach erfolgter Überexpression des Transkriptionsfaktors CREB wurden die Zellen resuspendiert (Spur 1) und per Ultraschall aufgeschlossen (Spur 2). Unlösliche Zellbestandteile und Membranbestandteile wurden anschließend abzentrifugiert (Spur 3 und 4). Die Aufreinigung über den His-Tag wurde mittels Ni-NTA Affinitätschromatographie durchgeführt. Der Durchfluss der Säule (Spur 5) sowie die Waschfraktionen (Spuren 6-8) wurden ebenfalls überprüft. CREB wurde mittels 2 X PBS mit 250 mM Imidazol eluiert und die einzelnen Fraktionen (Spuren 9-13) untersucht. CREB konnte erfolgreich in den ersten beiden Fraktionen eluiert werden welche, nach erfolgter Konzentrationsbestimmung, anschließend gepoolt wurden.

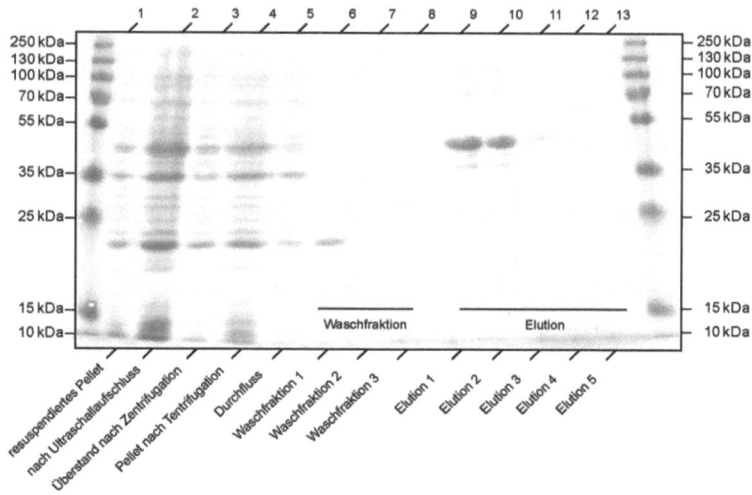

Abbildung 26: SDS PAGE der CREB Aufreinigung. Um die Aufreinigung von CREB zu überprüfen wurden alle repräsentativen Fraktionen einzeln aufgetragen. Die Spuren 1-5 geben Aufschluss über den erfolgreichen Zellaufschluss nach erfolgter Überexpression. Die Waschfraktionen der Ni-NTA Säule sind in den Spuren 6-8 aufgetragen. Die Elution von der Säulenmatrix wurde fraktioniert und auf die Spuren 9-13 aufgetragen. CREB eluiert bereits in den Spuren 9 und 10 vollständig von der Säule.

Das aufgereinigte wt-CREB (Ü) wurde im Anschluss wie im Abschnitt 2.2.11 durch die PKA phosphoryliert. Zur Kontrolle der Phosphorylierung wurden Aliquots von dem Ansatz geblottet und mit dem pCREB und CREB AK in einem Western Blot nachgewiesen (Abbildung 27).

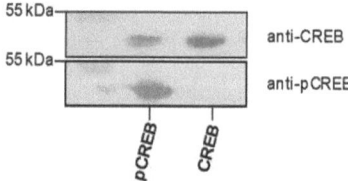

Abbildung 27: Western Blot der Positivkontrollen. Im Anschluss an die in vitro Phosphorylierung von wt-CREB wurde ein Western Blot mit einem CREB und einem pCREB AK durchgeführt. Der eingesetzte AK gegen das phosphorylierte CREB zeigt dabei keinerlei Kreuzreaktivität mit unphosphoryliertem CREB. Da CREB in einem vielfachen Überschuss eingesetzt wurde, ist nicht alles durch die PKA phosphoryliert worden.

CREB und pCREB dienten in den Microarray Experimenten als Positivkontrollen. Die Lyse der Zellen mit dem M-PER Puffer findet unter nativen Bedingungen statt. Bei dem Spotten der Lysate und dem Immobilisieren können einige Proteine teilweise oder ganz denaturieren. Deswegen werden die Antikörper getestet, ob sie das native und das denaturierte Proteine erkennen.

3.2.2 Immunopräzipitation zur Antikörpervalidierung unter nativen Bedingungen

Bevor das Lysat auf dem Microarray immobilisiert wird, sind mehrere Schritte notwendig wie der Zellaufschluss, mehrere Zentrifugations- und Inkubationsschritte und nicht zuletzt das eigentliche Spotten der Zelllysate. Bei jedem dieser Schritte muss besonders auf das Einhalten von einer Temperatur von 4° C geachtet werden, um enzymatische Aktivitäten von Enzymen zu reduzieren. Durch hohe Drücke beim Spotten oder das Eintrocknen der Spots auf dem Array, kann sich die Konformation der Proteine ändern. Auf Grund dieser Tatsache muss sichergestellt werden, dass die verwendeten Antikörper in der Lage sind, sowohl ein natives Strukturepitop als auch ein lineares, denaturiertes Epitop zu erkennen.

Um die Antikörper unter nativen Bedingungen testen zu können, wurde eine Immunopräzipitation, wie in 2.2.6 beschrieben, durchgeführt. Die einzelnen Schritte finden bei 4°C statt um ein partielles Denaturieren der Proteine zu verhindern und zusätzlich die enzymatische Aktivität zu reduzieren. Der Antikörper wurde zuerst an Protein G Beads gebunden und der Überstand (ungebundener Antikörper) auf ein SDS-PAGE aufgetragen (Abbildung 28 Spuren 1-4). Im Überstand nach der Inkubation der Beads mit den Antikörpern sind keine Banden zu erkennen, was bedeutet das der Antikörper vollständig an die Beads gebunden hat. Die Antikörper-Beads wurden anschließend mit Zellextrakt bzw. gereinigtem Protein inkubiert und der Überstand nach der Antigeninkubation ebenfalls auf ein SDS-PAGE aufgetragen (Abbildung 28 Spuren 5-8). Wie anhand des Gels zu erkennen ist, wurde rekombinantes CREB nicht vollständig von dem Antikörper gebunden. Nach dem Waschen wurden die gebundenen Proteine unter denaturierenden Bedingungen eluiert. In Abbildung 28 Spuren 9-12 ist zu erkennen, dass die Immunopräzipitation nur mit rekombinantem CREB (Spur 9) funktioniert hat. Als Kontrollen wurden Lysat, der anti CREB Antikörper und wt-CREB aufgetragen. Wie anhand der Bandenintensitäten zu erkennen ist, konnte nur sehr wenig Antigen an das Beads-Antikörpergemisch gebunden werden. Auch verlängerte Inkubationszeiten und veränderte Pufferbedingungen brachten keinen weiteren

Erfolg. Jedoch sind auch keine anderen Proteine angereichert worden. Das bedeutet, dass der Antikörper natives CREB erkennt und in Microarray Experimenten eingesetzt werden kann.

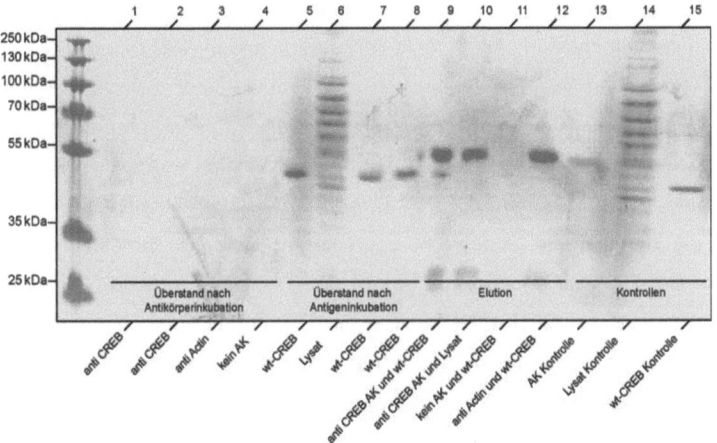

Abbildung 28: Immunopräzipitation mit wt-CREB und Lysat. Protein G Beads wurden mit einem anti CREB, einem anti Aktin und keinem Antikörper inkubiert (Spuren 1-4). Anschließend wurden die gebundenen Antikörper mit aufgereinigtem wt-CREB bzw. Lysat inkubiert (Spuren 5-8). Wie anhand der Elution zu erkennen ist Spuren 9-12), gelang es wt-CREB mit Hilfe der Beads anzureichern (Spur 9), während dies mit Lysat fehlschlug (Spur 10). Alle Kontrollen haben funktioniert (Spur 13-15).

Die Immunopräzipitation ist ein sehr zeitintensives Verfahren zur Validierung von Antikörpern. Gerade bei der Verwendung von komplexen Proteingemischen wie Zelllysaten, muss das System an jeden Antikörper angepasst werden. Eine zusätzliche Herausforderung ist die geringe Konzentration einiger Zielproteine wie Transkriptionsfaktoren im Lysat. Wenn sichergestellt werden kann, dass die Proteine alle denaturiert sind, kann auf diesen Schritt der Validierung verzichtet werden, da der Antikörper dann nur in der Lage sein muss ein lineares Epitop zu erkennen.

3.2.3 EMSA Experimente zur Konformationsuntersuchung der Proteine

Bei der Denaturierung der Proteine müssen die Bedingungen beim Spotten berücksichtigt werden. Hohe Konzentrationen an Harnstoff oder Guanidinumhydrochlorid konnten nicht verwendet werden, weil sich die Lösung nicht mehr spotten ließ. Ein „Aufkochen" der Proteine kann zum Aggregieren der Proteine führen, was zum Verstopfen der Düsen führen kann und konnte deswegen ebenfalls nicht verwendet werden. Als Lösung wurde das Erhitzen der Lysate für 10 Minuten auf 75° C gewählt. Dabei sollten die Proteine vollständig denaturieren aber nicht aggregieren. Um das Denaturieren der Proteine bei 75°C zu kontrollieren wurde der Transkriptionsfaktor CREB als Model ausgewählt. CREB zählt zu den hitzetoleranten Proteinen und kann kurze Zeit auf 65° C erhitzt werden ohne zu denaturieren. Sollte CREB nach dem Erhitzen nicht mehr an die DNA binden, sollten auch die anderen Proteine im Lysat denaturiert sein. Um zu überprüfen, dass die Proteine in einem denaturierten Zustand auf die Microarrays gespottet werden, wurde das Bindeverhalten von CREB an seine Zielsequenz CRE mittels EMSA untersucht. Im EMSA wird freie DNA eingesetzt und mit steigenden Proteinkonzentrationen inkubiert. Durch die Bindung der Proteine an die DNA bilden sich Komplexe, die ein verändertes Laufverhalten aufweisen und langsamer durch das Gel laufen. Mit steigenden Proteinkonzentrationen nimmt die Komplexbildung zu. Standardmäßig wurde das EMSA bei 4° C durchgeführt. Der Extrakt bzw. das rekombinante CREB wurde unter Standardbedingungen und nach Erhitzen für 10 Minuten auf 75°C getestet. Zusätzlich wurde der Einfluss des verwendeten Lysepuffers auf die DNA Bindung getestet. In Abbildung 29 ist zu sehen, dass der für die Lyse verwendete M-PER Puffer keine Auswirkungen auf das Bindeverhalten von rekombinantem wt-CREB hatte (Abbildung 29 Spuren 1-3 und 7-9). Wurde das Protein für 10 Minuten auf 75° C erhitzt, war wt-CREB nicht mehr in der Lage an seine Zielsequenz zu binden. Dies spiegelte sich in den fehlenden Protein-DNA-Komplexen wieder (Abbildung 29 Spuren 4-6 und 10-12).

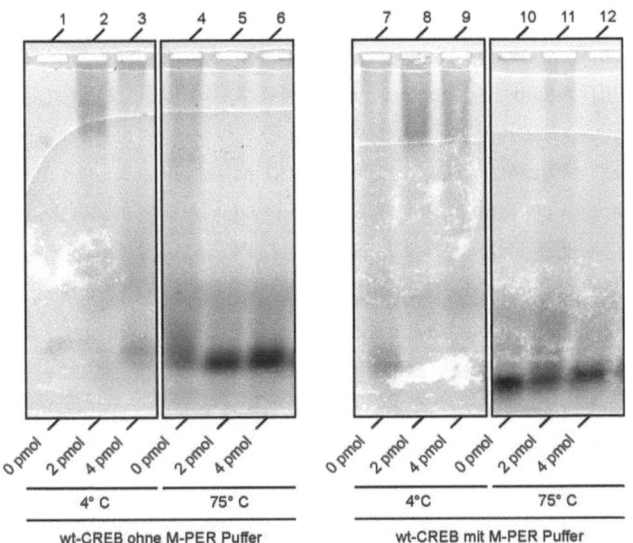

Abbildung 29: EMSA mit wt-CREB. Die Bindung von rekombinant aufgereinigtem wt-CREB an die CRE Bindesequenz wurde unter verschiedenen Bedingungen untersucht. Links wurde der Einfluss von Temperatur ohne den Lysepuffer auf das Bindeverhalten hin untersucht, während rechts das Bindeverhalten mit dem Lysepuffer untersucht wurde. Sowohl mit als auch ohne M-PER Puffer konnte bei 4° C eine Bindung an die CRE Sequenz festgestellt werden. Wird die Probe jedoch für 10 Minuten auf 75° C erhitzt, ist keine Bindung mehr festzustellen.

Um zu testen ob diese Aussage auch für ein komplexes Proteingemisch wie ein Lysat zutrifft, wurde der Versuch mit Zellextrakt durchgeführt. Die Zellen wurden mit M-PER lysiert und anschließend ein EMSA durchgeführt. Die Lyse fand unter nativen Bedingungen statt. Für den EMSA wurden steigende Volumina an Zellextrakt eingesetzt. Wie in Abbildung 30 zu sehen ist, wurde mit steigenden Lysatmengen ein Protein-DNA-Komplex gebildet (Abbildung 30 Spuren 2-6). Ab ca. 10 µl eingesetztem Lysat wurden hierbei Komplexe gebildet. Damit konnte gezeigt werden, dass die Proteine in dem Zelllysat in der Lage sind an die DNA zu binden. Wurde das Zelllysat für 10 Minuten auf 75° C erhitzt, konnten selbst bei der höchsten Lysatkonzentration keine Komplexe detektiert werden. Somit konnte gezeigt werden, dass der Hitzeschritt eine Bindung der Proteine an die DNA verhindert und die Proteine nach diesem Schritt in ihrer denaturierten Form vorlagen.

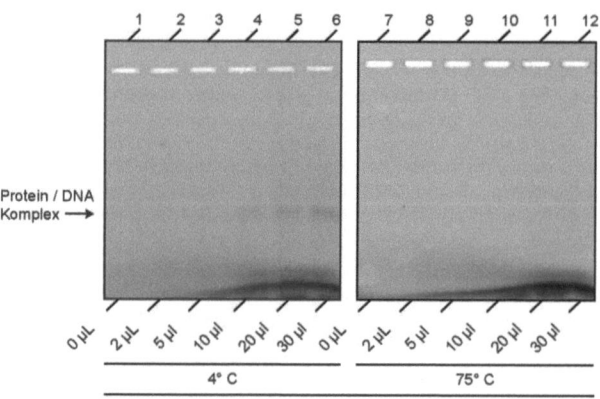

Abbildung 30: EMSA mit Lysat. Das Gesamtbindeverhalten des Lysates wurde unter verschiedenen Temperaturen untersucht. Dabei wurde der zuvor getestete M-PER Puffer verwendet. Bei einer Temperatur von 4° C ist eine Bindung der im Lysat enthaltenen Transkriptionsfaktoren an die CRE Sequenz bei höheren Lysatkonzentrationen zu beobachten (Spuren 4-6). Bei einer Temperatur von 75° C konnte dieses Bindeverhalten nicht mehr beobachtet werden (Spuren 8-12).

Das Denaturieren der Proteine unter Bedingungen die ein Spotten erlauben bedeutet, dass eine Validierung der Antikörper mittels Western Blot ausreicht. Ein Nebeneffekt der Hitzeinaktivierung ist, das durch das Denaturieren auch sämtliche enzymatische Aktivitäten, die nach der Lyse den Status der posttranslationalen Modifikation der Proteine verändern könnten, ebenfalls inaktiviert werden.

3.2.4 Western Blots zur Antikörpervalidierung

Die Western Blot Experimente wurden mit dem Zellextrakt von COS-7 Zellen durchgeführt und mit anti-CREB, anti-pCREB, anti-pPKA und anti-Aktin Antikörpern detektiert. Als sekundärer Antikörper wurde ein Anti Rabbit IgG Alexa Fluor 532 Antikörper verwendet der später auch bei den Microarray Experimenten eingesetzt wurde. Dadurch konnte ein Vergleich der Ergebnisse zwischen Microarray und Western Blot sicher gestellt werden. Die Zellen wurden mit 10 µM Forskolin bzw. 10 µM Isoproterenol für 1 min, 10 min, 30 min und 45 min stimuliert. Abbildung 31 zeigt, dass CREB und pCREB nicht nachgewiesen werden konnten. Die Positivkontrollen haben alle funktioniert. In dem Western Blot, der mit einem anti-CREB Antikörper entwickelt wurde, ist auch eine Bande bei *in vitro* phosphorylierten CREB zu sehen. Als Ladekontrolle wurde der pCREB-Blot zusätzlich mit dem anti-Aktin Antikörper entwickelt. Deswegen ist in diesem Blot eine Bande bei pCREB zu sehen. Der pPKA-Substrat Antikörper ist, wie bereits in Abschnitt 3.1.2 erläutert, gegen das Bindemotiv der PKA gerichtet. Er erkennt alle Zielproteine der PKA Dieser Antikörper bindet ebenfalls an die verwendete pCREB Postitvkontrolle. Wie in der Abbildung zu erkennen ist, kann mit diesem Antikörper die Stimulierung verfolgt werden. Der verwendete sekundäre Antikörper, wurde ebenfalls auf mögliche Kreuzreaktivitäten mit dem Lysat getestet. Wie in Abbildung 31 zu erkennen ist, zeigt der sekundäre Antikörper keine Kreuzreaktivität.

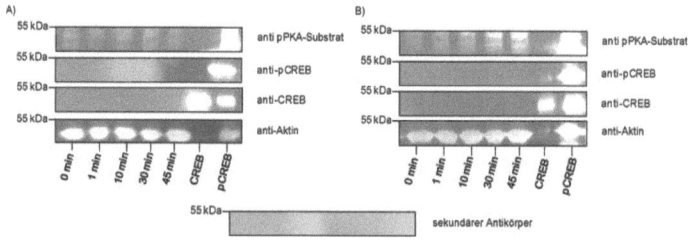

Abbildung 31: Western Blots der in Microarrayexperimenten verwendeten Antikörper. (A) Stimulierung von COS-7 Zellen mit 10 µM Forskolin (links) und (B) 10 µM Isoproterenol (rechts). Aktin wurde dabei als Ladekontrolle benutzt um sicherzustellen, dass die Lyse erfolgreich war. Als Positivkontrollen wurden rekombinant aufgereinigtes wt-CREB und in vitro phosphoryliertes CREB benutzt.

Die getesteten Antikörper zeigten in den Western Blot Experimenten keine Kreuzreaktivität mit anderen Proteinen im Extrakt. Die Konzentration an CREB im Extrakt ist zu gering um sie mit den Antikörpern bzw. dem Detektionssystem sicher detektieren zu können. Alternative Detektionssystem wie ECL, die einen Nachweis von CREB erlauben, lassen sich nicht für eine Quantifizierung in Microarrayexperimenten einsetzen. Wie die Ergebnisse der Antikörpervalidierung und der Stimulierung in Abschnitt 3.1.2 gezeigt haben, ist CREB auf Grund seiner geringen Kopienzahl ein schlechter Reporter für den PKA Signaltransduktionsweges. Um eine Aktivierung nach erfolgter Stimulierung quantifizieren zu können, wurde in späteren Experimenten der pPKA-Antikörper verwendet. Dadurch werden keine einzelnen Proteine und deren Phosphorylierung untersucht, sondern die gesamten Zielproteine der PKA. Nach der Validierung der entsprechenden Antikörper, der Herstellung einer geeigneten Positivkontrolle und der Etablierung des Protokolls zur Stimulierung der Zellen, mussten die Zelllysate auf den Microarray gespottet werden.

3.3 Herstellen von Reverse Phase Microarrays

Das Aufbringen von Proteinen oder Proteinlysaten auf Microarrays umfasst mehrere Schritte. Es gibt viele Faktoren, die die Qualität der späteren Arrays und damit auch die der Daten beeinflussen. Bei RPMAs handelt es sich um sogenannte Lysatarrays, das heißt, dass die Lysate direkt auf die Oberfläche gebracht werden. Zelllysate sind hochkomplexe Proteinproben und haben z.B. durch den Zellaufschluss unterschiedliche Charakteristika. Dazu zählen unterschiedliche Proteinkonzentrationen und damit einhergehend unterschiedliche Viskositäten und Hydrophobizitäten. Das Verwenden identischer Spottingparameter, gleiche Einstellungen für die Abgabe der Tropfen bei der Benutzung eines Piezoelements (Öffnungs- und Schließzeit des Kristalls), spielte eine entscheidende Rolle bei der Herstellung. Neben dem Vorbereiten der eigentlichen Probe war eine weitere Hauptaufgabe dieser Arbeit das Optimieren des Spottingroboters gewesen (Abbildung 32).

Abbildung 32: SciFLEXARRAYER S5. Die Systemflüssigkeit (1) wird über ein Schlauchsystem mittels Spritzenpumpen (2) zur Düse (4) geleitet. Die Spritzenpumpen ermöglichen ein präzises Befüllen der Düse und gestatten das interne Waschen. Durch die Anlegung hoher Frequenzen und Spannungen kann die Düse des Weiteren durch Ultraschall gereinigt werden. Ein duales Peristaltikpumpensystem (3) gestattet das automatisierte, externe Reinigen der Düse mit zwei verschiedenen Lösungen. Die magnetische X- und Y-Achse (5) ermöglicht Geschwindigkeiten von bis zu 100.000 µm/s. Die Probenaufnahmestation (6) kann sowohl mit 96-Well als auch mit 384-Well Platten bestückt werden. Eine werkseitig ausgelieferte Halterung ermöglichte das Bespotten von 6 Slides (7). Mit der eigens für den Spotter angefertigten Halterung (8) ist er in der Lage gewesen bis zu 12 Slides zu bespotten.

Die werkseitig ausgelieferte Halterung der Slides (Abbildung 32 (7)) ermöglichte das parallele Spotten von bis zu sechs Slides. Die vertikale Ausrichtung der Halterung erlaubte nicht alle Bereiche der Slides durch den Spotter anzufahren. Das Herstellen einer Halterung mit horizontaler Ausrichtung der Slides erlaubte bis zu 12 Slides parallel herzustellen (8). Zusätzlich konnte durch die neue Halterung der bespottbare Bereich durch die horizontale Ausrichtung deutlich vergrößert werden.

Um ein Verschleppen der Proben und damit eine mögliche Kontamination der Proben zu vermeiden, wurde die Düse zwischen dem Spotten der einzelnen Proben intensiv gewaschen. Die Düse (4) wurde mit einer Geschwindigkeit von 6 µl/s mit 250 µl Systemflüssigkeit über die Spritzenpumpen (2) internen gewaschen und dauerte ca. 40 Sekunden pro Probe. Bei der Bearbeitung einer 384-Well Platte dauerte alleine das Waschen zwischen den Probenaufnahmen über 4 Stunden. Das jeweilige Spottingvolumen betrug 3 X 300 pl. In der Zeit des Waschens kann ein Teil der Probe verdunsten, was zu einem veränderten Spottingverhalten der Proben führte. Um die Verweilzeit der Proben so gering wie möglich zu halten, wurde das Waschprotokoll deutlich verkürzt, ohne dass eine Verschleppung von Proben stattfand. So konnte durch die Erhöhung der Geschwindigkeit der Spritzenpumpen auf 11 µl/s und die Reduktion des Waschvolumens auf 125 µl, eine Zeit von 3 Stunden gegenüber dem ursprünglichen Waschprotokoll eingespart werden.

Anfänglich wurde der Spotter auf einem herkömmlichen, durch Einbau von Stahlstreben verstärkten, Labortisch betrieben. Mit diesem Tisch waren Geschwindigkeiten des Spotterkopfes von maximal 20.000 µm/s möglich. Höhere Geschwindigkeiten führten stets zu einem schlechteren Spottbild der abgegebenen Tropfen. Diese landeten nicht mehr auf derselben Stelle und das gesamte Raster der Microarrays war stark versetzt. Bei der Herstellung der Microarrays müssen zum Teil große Stecken zwischen Waschstation, Probenaufnahme und Probenabgabeort zurückgelegt werden. Die Geschwindigkeit der Achsen ist ein entscheidender Faktor bei der Herstellung der Arrays. Durch den Umbau des Spottingroboters auf einen massiven Stahltisch mit einem Gewicht von über 300 kg war es möglich die

Geschwindigkeit von 20.000 µm/s auf 80.000 µm/s zu erhöhen. Dadurch konnten die Fahrzeiten des Roboters und damit die Verweilzeit der Proben auf ein Viertel reduziert werden. Durch das hohe Gewicht des Tisches und die massive Stahlkonstruktion war auch bei hohen Geschwindigkeiten ein präzises Spotten möglich.

Um Effekte wie Massentransport und schlechte Durchmischung der Inkubationslösungen, wie in Abbildung 39 gezeigt, zu minimieren wurde der Spottingvorgang auch dahingehend optimiert. Eine große Rolle bei der Behebung dieser Effekte spielt die Anordnung der einzelnen Punkte bzw. der Replikate einer Probe auf einem Microarray. Durch das Randomisieren der einzelnen Spots und damit einhergehend die zufällige Verteilung der Replikate über die gesamte Fläche, konnten Effekte wie eine schlechte Durchmischung und Abhängigkeit vom Massentransport der Antikörperlösung zur Oberfläche weiter minimiert werden. Für eine solide statistische Auswertung wurden alle Proben mindestens in 5-fachen Replikaten gespottet.

3.3.1 Spotten von Zellextrakt

Das Spotverhalten der Proben hängt u.a. von der Viskosität der Proben ab. Wie in Abschnitt 3.1.2 gezeigt variiert die Konzentration der Zellextrakte stark. Um zu testen, ab welcher Verdünnung sich Lysate mit dem piezoelektrischen Spotter auf die Slides spotten ließen, wurde eine Verdünnungsreihe der Lysate angefertigt. Unverdünntes Zellextrakt war zu hoch konzentriert (zu hohe Viskosität) - die Düse verstopfte (Abbildung 33 E) - und eine Tropfenabgabe war nicht möglich. Durch intensives Waschen der Düse von Innen und Außen und einer anschließenden Ultraschallbehandlung konnte die Verstopfung wieder gelöst werden. Verdünnungen von 1:1.000 und 1:10.000 des Lysates waren spottbar, wohingegen geringere Verdünnungen oder gar unverdünntes Lysat nicht abgegeben werden konnten (Abbildung 33). Diese hohe Verdünnung der Proben bedeutet, dass die Proteine zum Teil so stark verdünnt wurden, dass sie nicht mehr nachgewiesen werden können.

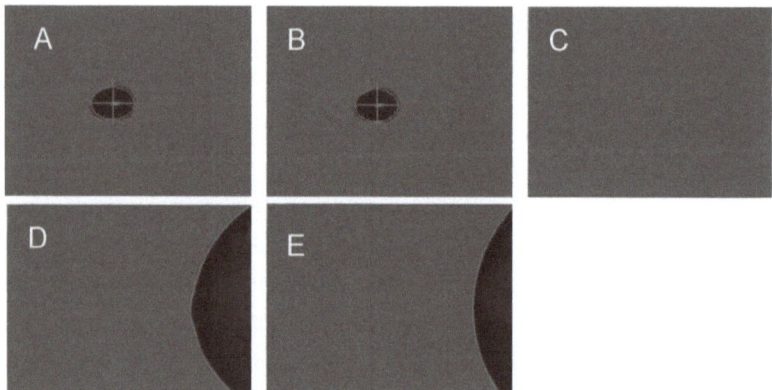

Abbildung 33: Spottingverhalten von Lysat in einer Verdünnungsreihe. (A) 1:10.000 Verdünnung von Lysat (B) 1:1.000 Verdünnung von Lysat (C) 1:100 Verdünnung von Lysat (D) 1:10 Verdünnung von Lysat (E) unverdünntes Lysat

3.3.2 Benzonaseverdau der Lysate

Eine mögliche Ursache für die hohe Viskosität kann die im Lysat enthaltene genomische DNA sein. Um zu untersuchen ob sich die Viskosität durch einen Verdau der DNA verringern lässt, wurde das Lysat, wie in Abschnitt 2.2.12 beschrieben, mit Benzonase behandelt. Um die Proteine dabei so schonend wie möglich zu behandeln, wurde eine Endonuklease (Benzonase) verwendet, welche bei 4° C arbeitet. Nach der Benzonasebehandlung wurden die Lysate zentrifugiert, was zu einer besseren Tropfenbildung bei der Abgabe führte. Eine Zugabe von 125 U (Abbildung 34 (C)) ermöglichte das Spotten aller Lysate unter identischen Bedingungen. Eine Versuchsreihe (A-C) zeigte, dass bereits eine Zugabe von 25 Units Benzonase auf 100 µl Lysat ausreichend war, damit ein Tropfen abgegeben werden konnte. Ohne die Zugabe von Benzonase oder eine entsprechend hohe Verdünnung des Lysates war keine Tropfenabgabe möglich (Abbildung 34 D-F). Wie in Abschnitt 0 beschrieben, wurden die Lysate zum Denaturieren erhitzt. Ein Spotten des Lysates nach dem Aufkochen für 1 Minute bei 95° C oder dem Erhitzen für 10 min auf 75°C war, ohne einen Verdau der genomischen DNA mittels Benzonase, nicht möglich (Abbildung 34 G und H).

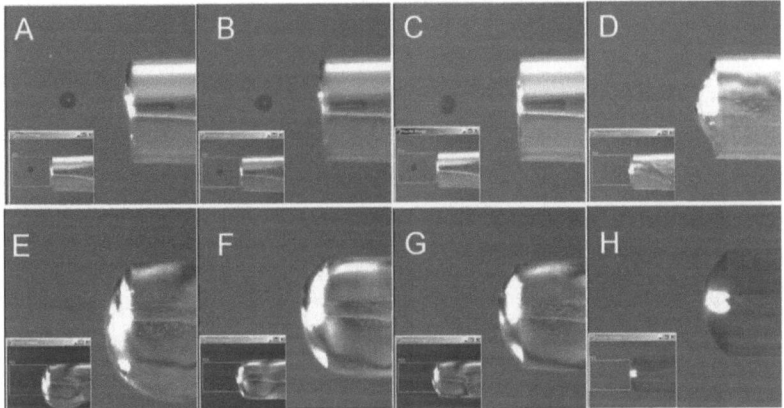

Abbildung 34: Spottingverhalten mit und ohne Benzonaseverdau. (A) 25 U Benzonase (B) 50 U Benzonase (C) 125 U Benzonase (D) 0 Units Benzonase (E) unverdünntes Lysat (F) 1:2 Verdünnung des Lysates mit dH2O (G) unverdünntes Lysat für 1 Minute bei 95°C erhitzt (H) unverdünntes Lysat für 10 Minuten bei 75° C erhitzt

Das Spotten der Lysate war nach dem zusätzlichen, enzymatischen Schritt möglich. Um möglichst gute Ergebnisse erzielen zu können, ist neben dem Dispensieren der Lysate auch die Wahl der richtigen Slides bzw. Oberflächen zum Immobilisieren von Bedeutung. Parameter wie Autofluoreszenz der gewählten Slides und maximale Beladungskapazität der Oberfläche wurden genauer untersucht.

3.3.3 Auswahl der Slides und Optimierung der Inkubationsbedingungen

Zwei Parameter die einen Einfluss auf die Qualität der Daten haben sind die Autofluoreszenz der verwendeten Slides und die Inkubationsbedingungen. Zeigen die Slide ein hohes unspezifisches Hintergrundsignal können schwache Signale nicht eindeutig detektiert werden. Zusätzlich kommt es bei der Inkubation der Slides auf eine gute und gleichmäßige Durchmischung der Probe an. Eine schlechte Durchmischung kann zu unterschiedlichen Inkubationsbedingungen auf einem Slide führen und damit zu Konzentrationseffekten, die eine anschließende Auswertung unmöglich machen.

Zur Untersuchung der Autofluoreszenz eines Slides und zur Beurteilung der Qualität des anschließenden Assays wurden alle eingescannten Signalintensitäten (auch die unspezifischen Hintergrundsignale inklusive der Autofluoreszenz des Slides selbst) in einem Oberflächenplot (Abbildung 35 unten) dargestellt. Dieser Plot veranschaulicht die Verteilung aller Signale auf dem Slide. Ein oft verwendeter Slide-Typ im Bereich der Reverse Phase Protein Microarrays ist der sogenannte FAST-Slide. Dabei handelt es sich um einen Slide der mit Nitrozellulosemembran beschichtet und in 16 Subarrays unterteilt ist. Jede dieser Membranen kann mit einem Subarray bespottet werden. Durch das FAST-Frame Setup (Abbildung 35 links) ist es möglich, jeden dieser Subarrays mit einem anderen Antikörper zu inkubieren und damit bis zu 16 unterschiedliche Bedingungen parallel zu testen. Das Inkubationsvolumen beträgt ca. 100 µl pro Subarray. Eine Durchmischung findet durch Schütteln auf einem horizontal ausgerichteten Schüttelinkubator statt. Wie in Abbildung 35 oben rechts deutlich zu erkennen ist, haben Fast-Slides eine hohe Autofluoreszenz. Auf dem gezeigten Slide wurden jeweils 8 Felder mit identischen Proben bespottet und unter identischen Bedingungen behandelt. Im Oberflächenplot des gesamten Microarrays sind die einzelnen Nitrozellulosepads des FAST-Slides, auf Grund der hohen Autofluoreszenz, deutlich zu erkennen. Die nicht beschichteten Stellen zeigen keinen Hintergrund.

Abbildung 35: Oberflächenplot nach Inkubation mit dem FAST-Frame Kammersystem. (oben links) FAST-Frame Kammersystem zur Slideinkubation. Die entsprechenden FAST-Slides (oben rechts) werden durch die zwei Klammern mit dem Kammersystem verbunden. So entsteht ein Reaktionsraum der u.a. mit Antikörper- und Waschlösungen befüllt werden kann. Das Ergebnis einer solchen Inkubation ist im unteren Teil des Bildes zu sehen. Nach der Inkubation mit einem anti CREB AK wurde wt-CREB in unterschiedlichen Konzentrationen auf dem Array detektiert. Die hohe Autofluoreszenz der Nitrozellulosepads ist im Oberflächenplot klar sichtbar. Diese kann zu einer Maskierung von Signalen mit geringen Intensitäten führen.

Durch das geringe Volumen und der Geometrie der FAST-Frames ist eine ausreichende Durchmischung während der Inkubationsschritte schwer zu realisieren. Ferner blieben Artefakte durch den Blockvorgang zurück, was in einem inhomogenen Hintergrund resultierte.

Die Wahl der richtigen Assaybedingungen garantiert am Ende die Qualität der auszuwertenden Daten. Liefert der Assay selbst, z.B. durch das Blockieren des Slides einen zu hohen Hintergrund oder es bleiben Artefakte des Blockingreagenz übrig, ist eine Auswertung kaum möglich. Um den unspezifischen Hintergrund und das Auftreten von Blockingartefakten zu reduzieren, wurden verschiedene Bedingungen zum Blockieren der Slides ausgetestet. Die anfänglich in dieser Arbeit verwendeten FAST-Slides wurden dabei mit unterschiedlichen Blockierungssubstanzen inkubiert und unter identischen Bedingungen eingescannt. Dazu wurde ein Bild direkt nach dem Spotten aufgenommen, ein weiteres Bild nach dem durchgeführten Assay (waschen, blockieren des Slides und Antikörperinkubation) und die beiden Scans miteinander verglichen. Zur Bestimmung der optimalen Block- und Waschbedingungen der Slides, wurden verschieden Protokolle getestet (Tabelle 23).

Tabelle 23: Übersicht der einzelnen Protokolloptimierungen.

Blockierungs-/ Waschlösung	verwendet für:	Dauer	Ergebnis
3 % BSA in 1 X PBS-T	Blocken	90 Minuten	Hoher Hintergrund
10 % Milchpulver in 1 X PBS-T	Blocken	90 Minuten	Niedriger Hintergrund
100 µl 1 X PBS-T im FAST-Frame Setup	Waschen	3 X 5 Minuten	Schlechte Durchmischung, Blockingartefakte und Konzentrationseffekte nach AK Inkubation
50 ml 1X PBS-T im 50 ml Reaktionsgefäß	Waschen	10 Minuten	Bessere Durchmischung, keine Blockingartefakte, nur geeignet für Waschschritte nicht für AK Inkubation
150 µl 1 X PBS-T im Agilentkammersystem mit einer Luftblase zur Durchmischung	Waschen	10 Minuten	Bessere Durchmischung, keine Blockingartefakte, Konzentrationseffekte nach AK Inkubation
kontinuierliches Wasch-/ Blockprotokoll im automatisierten Slidehandlingsystem	Waschen und Blocken	10 Minuten / 90 Minuten	Optimale Durchmischung, keine Blockingartefakte, keine Konzentrationseffekte nach AK Inkubation

Um entsprechende Experimente durchführen zu können wurden Versuche mit rekombinantem wt-CREB und Zellextrakt durchgeführt. Das gespottete Volumen betrug ca. 3 X 300 pl, womit jeder Spot dem ungefähren Proteingehalt einer Zelle entspricht. Die getesteten Bedingungen sind in Tabelle 23 zusammengefasst. Erste Microarrays wurden dazu mit einer 3 %-igen BSA Lösung in PBS-T Puffer für 90 Minuten blockiert. Für den Vorgang des Blockens wurde dabei das FAST-Frame Setup verwendet. Das Waschen zwischen den einzelnen Inkubationsschritten fand ebenfalls in den Inkubationskammern des FAST-Frames statt. Wie in Abbildung 36 (A) zu sehen ist, ist der Slide nach dem Spotten frei von Artefakten und es sind nur Spots zu erkennen, dessen Proben einen fluoreszenzmarkierten Antikörper enthalten haben. Nach dem 90 minütigen Blockierungsvorgang und dreimal 5 minütigen Waschvorgängen sind deutliche Artefakte des Blockens zu erkennen (Abbildung 36 (B)). Unabhängig von den Artefakten und der Autofluoreszenz der Nitrozellulosemembran ist das Hintergrundsignal durch den Blockierungsvorgang gestiegen. Unter diesen Blockierungsbedingungen gelang es, ca. 10^9 Moleküle rekombinantes wt-CREB nachzuweisen (weiße Pfeile in Abbildung 36). Mit den gewählten Assaybedingungen gelang es nicht, CREB in Zelllysat nachzuweisen.

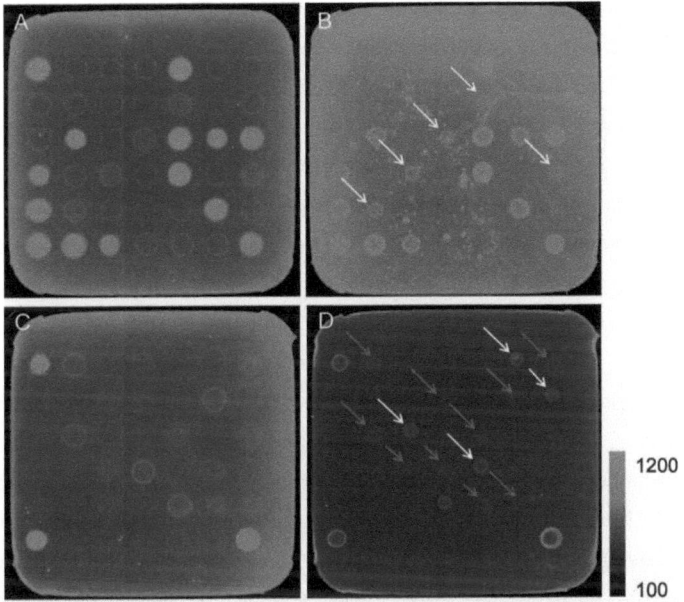

Abbildung 36: FAST-Slides vor und nach dem blockieren. Die obere Spalte (A-B) stellt die Prozessierung nach altem Protokoll dar. Die untere Spalte (C-D) stellt die Prozessierung nach Protokolloptimierung dar. Die Bilder A und C wurden direkt nach dem Spotten aufgenommen, die Bilder B und D wurden nach durchgeführtem Assay (Blocken, Waschen und Antikörperinkubation) aufgenommen. Die weißen Pfeile weisen auf ca. 10^9 rekombinant expremierte wt-CREB Moleküle hin. Die roten Pfeile weisen auf ca. 10^5 CREB Moleküle im Lysat hin (40.000 Moleküle pro Zelle angenommen). Die Optimierungen der Protokolle sind der Tabelle 23 zu entnehmen.

Das Protokoll für das Blockieren und Waschen der Slides wurde daraufhin geändert. Die Block- und Waschvorgänge wurden nicht mehr im FAST-Frame Kammersystem durchgeführt. Die Slides wurden in folgenden Experimenten in einem 50 ml Reaktionsgefäß geblockt und gewaschen. Die Inkubation mit primären und sekundären Antikörpern wurde in dem Kammersystem durchgeführt. Als alternatives Blockingreagenz wurde 10 % Milchpulver in 1 X PBS-T verwendet. Die Wasch- und Blockierungszeiten wurden nicht verändert. Durch das geänderte Waschprotokoll und die veränderten Bedingungen zum Waschen der Slides gelang es, den Hintergrund auf ein Minimum zu reduzieren. Im Vergleich zu dem vorher verwendeten Protokoll war es so möglich, einen homogenen niedrigen Hintergrund zu generieren. Durch das Ausbleiben von Blockingartefakten und der Generierung eines gleichmäßigen Hintergrundes, konnten die rekombinant aufgebrachten wt-CREB Moleküle deutlich besser detektiert werden (weiße Pfeile in Abbildung 36). Darüber hinaus gelang es durch die Verbesserung des Protokolls, CREB in gespotteten Zelllysaten nachzuweisen (rote Pfeile in Abbildung 36). Somit konnte eine deutlich geringere Anzahl, 10^5 anstatt 10^9 CREB Moleküle, nachgewiesen werden. Dies hatte eine Steigerung der Sensitivität des Assays zur Folge.

Trotz optimierten Bedingungen für das Waschen und Blockieren der Slides, hatte die verwendete Nitrozellulosemembran eine hohe Autofluoreszenz. Um die Sensitivität weiter steigern zu können bzw. um ein höheres Signal-zu-Rauschen Verhältnis zu erreichen wurden Epoxy-modifizierte Slides getestet.

Um die Autofluoreszenz des Substrates in Zahlen ausdrücken zu können, ist das Signal-zu-Rauschen Verhältnis ein geeigneter Parameter. Dieses Verhältnis setzt sich aus dem Signal des Hintergrunds und dem tatsächlich ermittelten Signal zusammen. Ein Signal sollte mind. 3-5 fach über den Hintergrundsignal liegen, also ein Signal-zu-Rauschen Verhältnis von mind. 5 oder höher haben. Um Nitrozellulose und Epoxy-modifizierte Slide miteinander vergleichen zu können, wurden auf beiden Slides identische Proben gespottet und die Fluoreszenzintensität aufgebrachter Eckpunktmarker verglichen.

Bei den FAST-Slides ist das SNR-Verhältnis im Gegensatz zu dem eines herkömmlichen Epoxy Slides um einen Faktor 7 schlechter (Abbildung 37). Wie in Abbildung 37 A zu sehen ist, hatten die Membranen einen deutlich höheren Hintergrund im Vergleich zu den Epoxy beschichteten Slides (Abbildung 37 B).

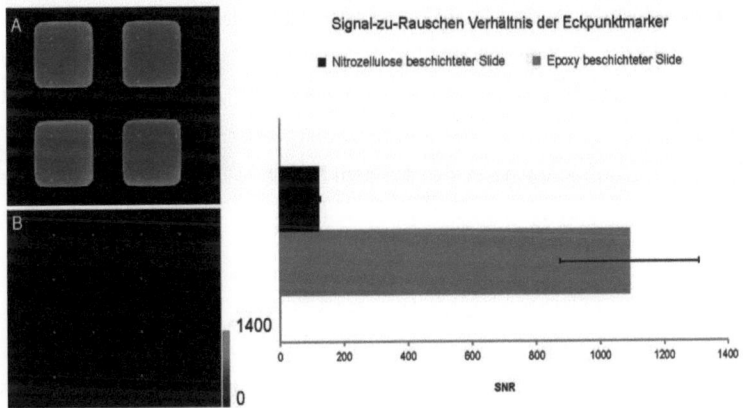

Abbildung 37: Vergleich der Autofluoreszenz zwischen Epoxy und Nitrozellulose Slide. (A) Mit Nitrozellulose beschichteter Slide, Ausschnitt von 4 Subarrays. (B) Epoxy beschichteter Slide, Ausschnitt aus 4 Subarrays. Eine direkte Gegenüberstellung der Eckpunktmarker und deren SNR-Verhältnis zeigt die deutlich geringere Autofluoreszenz der Epoxy Beschichtung gegenüber der Nitrozellulose Beschichtung.

Durch den geringeren Hintergrund konnte eine weitere Steigerung der Sensitivität des Assays erreicht werden. Daher wurden für alle folgenden Experimente mit Epoxy-modifizierte Slides verwendet. Eine Limitierung ist das Inkubationsvolumen der Fast-FRAME Kammern und damit eine schlechte Durchmischung der Antikörperlösungen. Wie in den Abbildungen 36 und 37 zu erkennen, war der Hintergrund der Slides am Rand deutlich höher. Zusätzlich ist der Hintergrund durch Rückstände vom Blockieren uneinheitlich. Um eine bessere Durchmischung zu erreichen, wurde das Agilent Kammersystem zur Slideinkubation getestet. Mit diesem Kammersystem können bis zu vier Subarrays gleichzeitig inkubiert werden. Ein Objektträger ist mit O-Ringen versehen, die die Inkubationskammern bilden. Der Slide wird als „Deckel" auf den eigentlichen Microarray gelegt. Nach dem Zusammenbau werden die beiden Slides in einer Haltevorrichtung verbunden (Abbildung 38). Die Inkubationskammern können mit ca. 150 µl befüllt werden und haben damit ein höheres Inkubationsvolumen als die bisher verwendeten Fast-FRAME Kammern. Eine Durchmischung der Lösung wird dabei durch eine Luftblase in den Kammern erreicht und gewährleistet so eine bessere Durchmischung der Inkubationslösung als das Fast-FRAME Kammersystem. Der gesamte Aufbau wird an einem Rotationsinkubator befestigt so dass, bei Drehung des Inkubators, die Luftblase die Flüssigkeit durchmischt. Auf dem Oberflächenplot (Abbildung 38) ist keine Autofluoreszenz des verwendeten Epoxy Slides zu erkennen. Zusätzlich befinden sich auf dem Microarray keine Artefakte aus dem Blockvorgang.

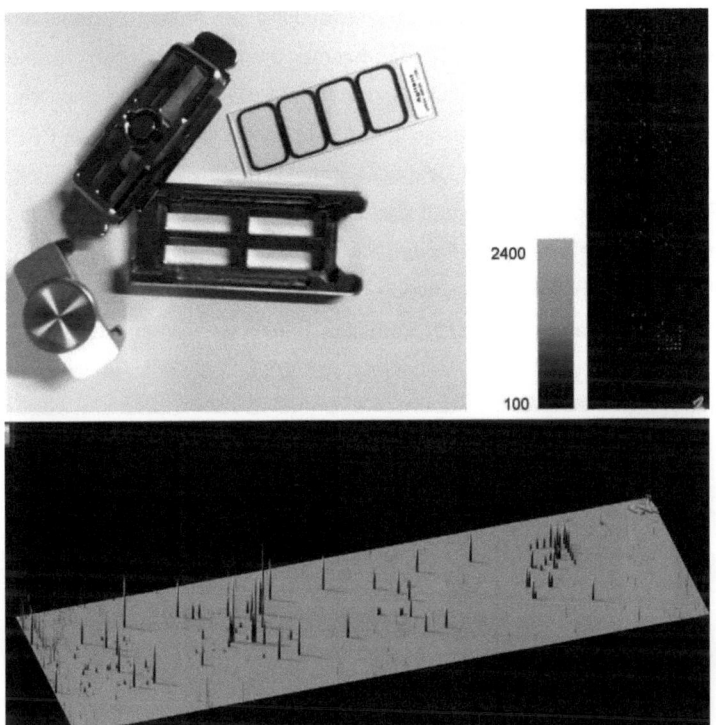

Abbildung 38: Oberflächenplot nach Inkubation mit dem Agilent Kammersystem. (oben links) Agilent Kammersystem zur Slideinkubation. Deutlich größere Kammern für die Inkubation mit Wasch- und Antikörperlösungen. Das Durchmischen der Lösung wird zusätzliche durch eine Luftblase unterstützt. (oben rechts) Der verwendete Epoxy Slide zeigt keine Autofluoreszenz im Gegensatz zu dem mit Nitrozellulose beschichteten FAST-Slide. Durch die Kombination aus verbessertem Kammersystem und einem Slide mit geringerer Autofluoreszenz, sind in allen vier Subarrays geringe Signale detektierbar. Wasch- und Blockierungsschritte hinterlassen ebenfalls keinerlei Artefakte.

Die Ergebnisse zeigen, dass durch die Verwendung des Agilent Systems eine bessere Durchmischung erreicht werden konnte. Um zu untersuchen, welchen Effekt die Durchmischung der Antikörperlösung auf die Qualität der ermittelten Daten hat, wurde ein epoxybeschichteter Slide mit aufgereinigtem wt-CREB (0,588 mg/ml) in 65 Replikaten bespottet. Der Microarrays wurde mit einem anti-CREB Antikörper inkubiert und das Signal anschließend eingelesen und ausgewertet. Die Verteilung der Features wurde so gewählt, dass der gesamte Bereich einer Agilent Inkubationskammer abgedeckt war. Nach der Detektion wurde von allen Features das SNR-Verhältnis berechnet. Wie in Abbildung 39 rechts gezeigt ist, variiert das Verhältnis von 2000 - 8000 stark über den gesamten Array.

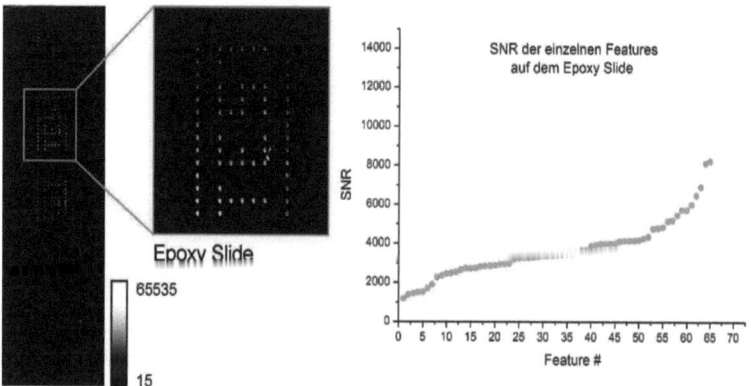

Abbildung 39: SNR-Vergleich des epoxybeschichteten Slides. Gespottet wurden 65 * 0,588 mg/ml wt-CREB. Nach dem Assay mit dem Agilent Kammersystem wurden die SNR der beiden Slides gegenübergestellt. Das Verhältnis von Signal-zu-Rauschen verändert sich strak, je nach dem wo das Feature auf dem Array lokalisiert ist.

Dies wird noch deutlicher, bei der Betrachtung des eingescannten Bildes (Abbildung 39 links). Die Abbildung zeigt, dass der Hintergrund über den gesamten Array homogen ist. Teile des bedruckten Bereiches haben trotz identischer Konzentration, Features mit höherer Signalintensität als andere. Auf dem Array ist ein klarer Gradient der Signalintensitäten erkennbar. Wie in diesem Abschnitt gezeigt werden konnte, war die Durchmischung in dem verwendeten Agilent Kammersystem zur Slideinkubation nicht ausreichend. Eine ungenügende Durchmischung führte zu Konzentrationseffekten über den gesamten Array. Um solche Effekte zu vermeiden, wurde eine weitere Inkubationsart getestet um Massentransportphänomäne auszuschließen und die Durchmischung zu verbessern. Dazu wurde ein System zur automatisierten Slideinkubation verwendet. Mit diesem System kann nur ein einzelner Array ohne Subarrays inkubiert werden. Mit Hilfe der Station ist es möglich, bis zu 12 Slides parallel und automatisiert zu inkubieren. Die Antikörper- und Waschlösungen wurden dabei durch Spritzenpumpen über den Array geführt. Dabei kann zwischen kontinuierlichem Fluss und periodischem Hin und Herpumpen der Lösung (diskontinuierlich) gewählt werden. Bei Waschvorgängen wurde der Array kontinuierlich mit 1 X PBS-T überspült und dadurch gewaschen. Die Inkubation mit den primären und sekundären Antikörpern erfolgte diskontinuierlich. Dabei wurde ein Teil der Flüssigkeit aus dem Vorratsbehälter entnommen und Schrittweise vor und zurück gepumpt. Dadurch, dass immer mehr vor als zurück gepumpt wurde, gelangte immer frische Antikörperlösung auf den Array, während die Antikörper eine ausreichende Verweilzeit über dem Array hatten, um binden zu können. Wie in Abbildung 40 zu erkennen ist, sind die Signale gleichmäßiger als bei dem Agilent System. Ein Intensitätsgradient über den Slide wie in Abbildung 39 ist mit dem automatisiertem Slidehandling System nicht zu detektieren.

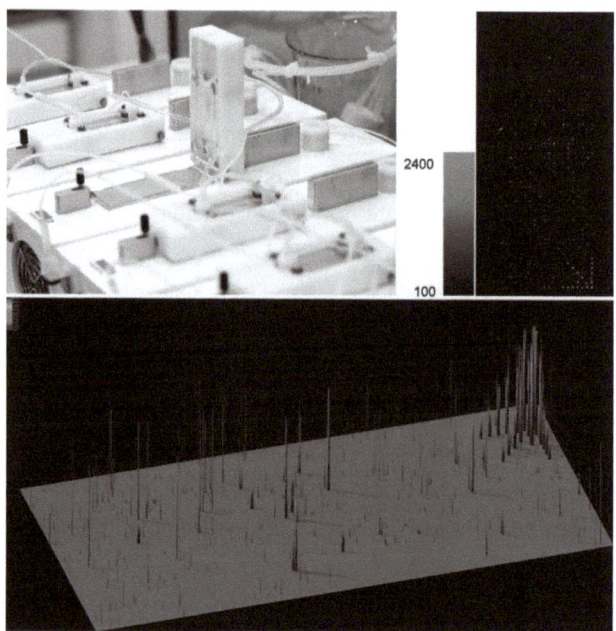

Abbildung 40: Oberflächenplot nach Inkubation mit dem automatisierten Slidehandling System. (oben links) automatisiertes Slidehandling System – durch kontinuierliche Zuführung von Wasch-, Blockierungs- und Antikörperlösung können Massentransportabhängige Probleme und schlechtes Durchmischungsverhalten auf ein Minimum reduziert werden. Der verwendete Epoxy Slide (oben rechts) Zeigt keinerlei Randeffekte wie beim Agilent Kammersystem. Somit ist auch die Detektion von gering expremierten Transkriptionsfaktoren wie CREB möglich.

Neuere Generationen kommerziell verfügbarer Nitrozellulose Slides haben eine deutlich geringere Autofluoreszenz als die anfänglich verwendeten FAST-Slides. Neben der Auswahl der richtigen Assaybedingungen, einem Slide mit geringer Autofluoreszenz und einem guten SNR Verhältnis spielt auch die maximale Bindekapazität eine wichtige Rolle. Um das richtige Substrat für Reverse Phase Protein Microarrays zu finden, wurden daher zwei Epoxy Slides (ein kommerzieller und ein am IBMT hergestellter Slide) mit einem Nitrozellulose Slide der neuen Generation mit identischen Proben bespottet und miteinander verglichen.

Auf den Slides wurde eine Verdünnungsreihe eines fluoreszenz-konjugierten Antikörpers (Eckpunktmarker) aufgetragen. Der markierte Antikörper wurde direkt auf der Oberfläche immobilisiert und die Signalintensität nach dem Spotten, nach dem Blockieren der Slides und nach der Durchführung eines Assay detektiert. Die Änderungen der Signalintensität direkt nach dem Spotten hängt mit der Anzahl der immobilisierten Moleküle zusammen. Die Signalintensität nach dem Blocken bzw. dem Assay gibt direkten Aufschluss über die Beladungskapazität des getesteten Substrates und das Signal-zu-Rauschen Verhältnis gibt Aufschluss über die Qualität der gewählten Oberflächenmodifikation. Die Messung nach dem Spotten der Microarrays gibt Aufschluss darüber, wie viele Moleküle sich nach dem Spotten auf der Oberfläche befinden. Der Zeitpunkt nach der Blockierung (und dem Waschvorgang) gibt Aufschluss darüber, wie viele Moleküle tatsächlich an die Oberfläche gebunden haben. Der letzte gewählte Zeitpunkt spiegelt den Zustand nach erfolgtem Antikörperassay wieder und lässt daher eine Aussage über die Anzahl der Moleküle am Ende des Assays zu. Bei einer kovalenten Immobilisierung sollten sich die letzten beiden Zeitpunkte kaum voneinander unterscheiden. Sind die Moleküle jedoch rein adsorptiv an die Oberfläche gebunden, ist zu erwarten, dass mit jedem Inkubations- und Waschschritt die Anzahl der Moleküle abnimmt und damit auch die Signalintensität. Das Signal-zu-Rauschen Verhältnis (Abbildung 41) war nach dem Spotten bei allen Slides am höchsten. Die Nitrozellulose Slides zeigen das höchste SNR. Bei Nitrozellulose Slides handelt es sich um sogenannte 3D Slides. Im Vergleich zum planaren Epoxyslide haben die Farbstoffe einen größeren Abstand und beeinflussen sich nicht oder nur wenig gegenseitig. Nach dem Waschen und Blockieren der Slides sinkt das SNR Verhältnis bei allen Slides deutlich. Am Ende des Assays ist das Verhältnis am geringsten, wobei sich die letzten beiden Zeitpunkte kaum voneinander unterscheiden. Das bedeutet, dass die vorher getroffenen Annahmen zutreffen. Das SNR Verhältnis ist, wie erwartet, nach dem Spottvorgang am höchsten. Durch die Wasch- und Blockierungsvorgänge werden Moleküle von der Oberfläche abgewaschen. Dieser Effekt ist bei Nitrozellulose Slides deutlich ausgeprägter als bei Epoxy Slides und wird im Laufe des Assays immer geringer.

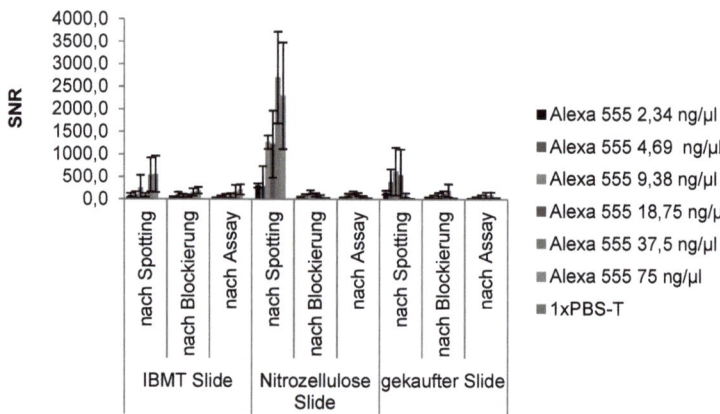

Abbildung 41: Vergleich verschiedener Slides anhand ihres Signal-zu-Rauschen Verhältnisses. Gegenüberstellung des im Hause hergestellten Epoxy beschichteten Slides, einem gekauften Epoxy beschichteten Slide und einem mit einer Nitrozellulose Membran beschichteten Slides. Verglichen wurde das Signal-zu-Rauschen Verhältnis der Eckpunktmarker (Guidedots) zu verschiedenen Zeiten des Assays. Als Vergleichszeitpunkte wurden direkt nach dem Spotten, dem Blockieren und dem eigentlichen Assay gewählt.

Der am IBMT hergestellte Epoxyslide unterscheidet sich in seinen Eigenschaften nicht von dem kommerziellen Slide. Der Nitrozelluloseslide wies die größten Varianzen auf. Das SNR ist bei allen 3 Slides nach dem Blocken und nach dem Assay, für die verwendeten Konzentrationen, nahezu identisch. Keiner der Slides hat deutliche Vorteile. Alle verwendeten Oberflächen wären geeignet zur relativen Quantifizierung von Proteinen auf Reverse Phase Protein Microarrays.

Um neben geringen Hintergrundsignalen und damit einem guten SNR-Verhältnis die einzelnen Slides weiter zu charakterisieren, wurden die absoluten Signalintensitäten der Slides untersucht. Bei vergleichbaren SNR Verhältnissen sind Slides zu bevorzugen, die höhere Signalintensitäten aufweisen. Wie in Abbildung 42 zu erkennen ist, hatten die Nitrozelluloseslides direkt nach dem Spotten die größten Intensitätswerte. Die beiden Epoxy Slides haben sehr ähnliche Intensitätswerte. Nach dem Waschen und Blockieren des Slides sinken bei allen drei Slides die Fluoreszenzswerte. Die größte Abnahme findet beim Blocken statt. Hierbei werden alle nicht gebundenen Antikörper abgewaschen. Am Ende des Assays unterscheiden sich die Slides nur noch geringfügig voneinander. Die Abnahme der Signalintensität war bei dem Nitrozellulose Slide am größten. Im Gegensatz zu Epoxy-Slide werden die Proteine bei Nitrozellulose Slide nur adsorptiv an die Oberfläche gebunden. Auf Grund der 3D Oberfläche der Nitrozellulose Slide findet eine geringere Farbstoff-Farbstoff Wechselwirkung statt, was in den höheren Signalintensitäten direkt nach dem Spotten resultiert. Übersteigt die Anzahl der eingesetzten Moleküle die Zahl der freien Bindungsstellen auf dem Slide, werden überschüssige Moleküle herunter gewaschen. Dieser Effekt ist bei allen Slides zu sehen. Die Abnahme in folgenden Inkubationsschritten ist bei den beiden Epoxyslides geringer als bei dem mit Nitrozellulose beschichtetem Slide. Auch bei diesem Versuch unterscheiden sich alle 3 Slides nur geringfügig voneinander.

Mittelwert Guidedots

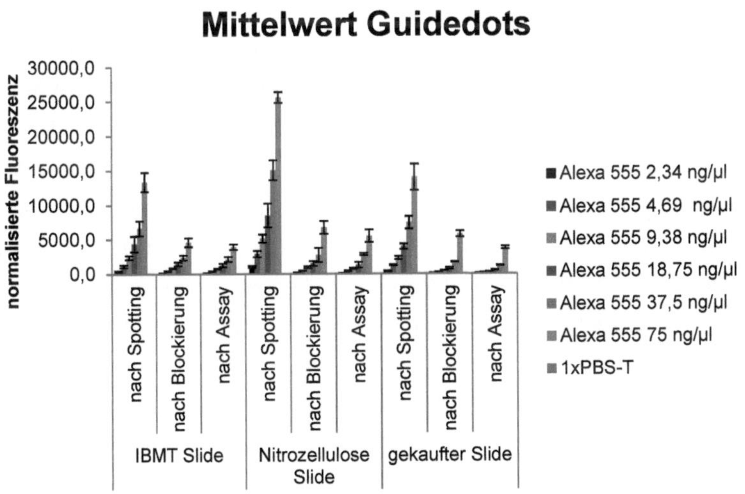

Abbildung 42: Vergleich verschiedener Slides anhand ihrer Bindekapazität. Gegenüberstellung des im Hause hergestellten Epoxy beschichteten Slides, einem gekauften Epoxy beschichteten Slide und einem mit einer Nitrozellulose Membran beschichteten Slides. Verglichen wurde die normalisierte Fluoreszenz der Eckpunktmarker (Guidedots) zu verschiedenen Zeiten des Assays. Als Vergleichszeitpunkte wurden direkt nach dem Spotten, dem Blockieren und dem eigentlichen Assay gewählt.

Die bisher durchgeführten Experimente zeigen, dass sich die Slides nur geringfügig voneinander unterscheiden. In allen folgenden Experimenten wurden die am IBMT hergestellten Slides verwendet. Diese zeichneten sich durch gute SNR Werte aus und waren in ihrer Beladungskapazität nicht von kommerziellen Slides zu unterscheiden. Der kovalente Kopplungsmechanismus erlaubt das irreversible Binden der Proteine an die Oberfläche und ist somit geeignet um relative Verhältnisse auf Microarrays zu untersuchen. Für eine relative Quantifizierung sollte ein linearer Zusammenhang zwischen Signalintensität und Konzentration der fluoreszenz markierten Antikörper bestehen. In Abbildung 42 zeigt sich bereits dass ein linearer Zusammenhang zwischen der Signalintensität und der eingesetzten Konzentration der Eckpunktmarker besteht. Um Proteine bzw. Proteine aus Zelllysaten Quantifizieren zu können, ist dies von großer Bedeutung. Dies ist durch die Wahl der Fluoreszenzfarbstoffe und das Ausreizen das maximalen Fluoreszenzbereiches bis 65.536 Signalintensitätseinheiten möglich. Um diesen Bereich möglichst gut ausnutzen zu können, kann (i) die Intensität des Lasers beim einscannen der Slides erhöht werden oder (ii) die maximale Beladungskapazität der Slides ausgereizt werden. Variante (i) hat den Nachteil, dass durch die hohe Intensität ein „Ausbleichen" der Farbstoffe erfolgen kann. Darüber hinaus sollten alle Slides bei gleichen Einstellungen eingescannt werden, damit die Vergleichbarkeit zwischen den Ergebnissen zu jeder Zeit gewährleistet ist. Wie in Abbildung 42 zu sehen ist, konnte dieser Bereich (ii) mit einer Konzentration von 75 ng/µl noch nicht voll ausgenutzt werden. Um diesen Zusammenhang genauer zu untersuchen, wurde in einem weiteren Experiment der Eckpunktmarker in Konzentrationen von 0 - 200 ng/µl immobilisiert. Wie in Abbildung 43 zu sehen ist, ergibt sich aus der gespotteten Konzentrationsreihe ein klarer linearer Zusammenhang, mit einem Korrelationskoeffizient von 0,96. Die höchste Konzentration von 200 ng / µl liegt dabei im oberen auswertbaren Bereich von 61.116 von 65.536 bei einer Farbtiefe von 16 Bit. Der gewählte Konzentrationsbereich eignet sich somit optimal um den hohen dynamischen Bereich der Fluoreszenzfarbstoffe optimal ausnutzen zu können und kleinste Änderungen erfassen zu können.

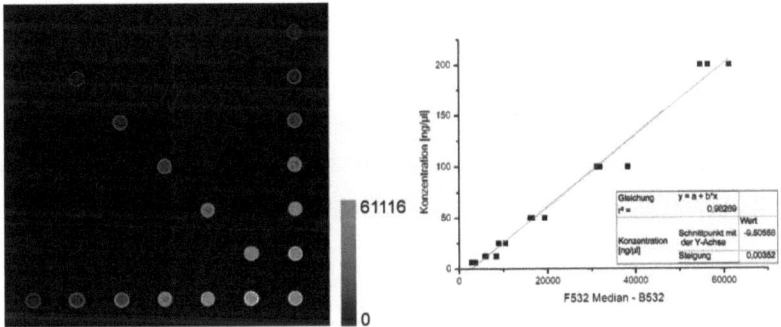

Abbildung 43: Dynamischer Bereich der Eckpunktmarker auf einem Microarray. Dargestellt ist der lineare Zusammenhang zwischen der Fluoreszenzintensität des immobilisierten Antikörpers (Eckpunktmarker) und der aufgebrachten Konzentration in einem Bereich von 0 – 200 ng / µl.

Nachdem in den vorherigen Experimenten die einzelnen Schritte zum Herstellen von RPMAs einzeln untersucht und optimiert wurden, wurde eine RPMA mit Zellextrakt von stimulierten Zellen hergestellt. Dazu wurde eine Stimulierung vonn COS-7 Zellen mittels Isoproterenol durchgeführt. Die Stimulierung selbst, samt zugehörigen Western Blots wurde zusammen mit Dr. Mandy Diskar[1] durchgeführt und freundlicher Weise für weitere Verwendung auf RPMAs zur Verfügung gestellt.

COS-7 Zellen wurden in 6-Well Platten kultiviert und vor der Stimulierung ausgehungert, um alle Zellen in den gleichen Zellzyklus zu bringen. Vor der Stimulierung, nach 2 min, 10 min und 60 min wurden Proben für die folgenden Experimente genommen.

Um die Stimulierung der Zellen und damit die Aktivierung des PKA-Signaltransduktionsweges verfolgen zu können, wurden die entsprechenden Lysate nach dem Spotten mit dem pPKA-Antikörper inkubiert. Die Proteinkonzentrationen auf dem RPMA wurden anhand der berechneten Signalunterschiede der Lysate (Abbildung 22) normalisiert. Bei der Stimulierung

---

[1] Dr. Mandy Diskar,
Universität Kassel, Biochemie
Heinrich-Plett-Straße 40
34132 Kassel

der Zellen ist ein Anstieg der Aktivität (gemessen anhand der Phosphorylierung aller PKA Zielproteine) nach einigen Minuten zu erwarten, dass nach ~60 min auf das Anfangsniveau der Stimulierung zurückfällt. Wie in Abbildung 44 zu sehen ist, war eine Aktivierung des PKA-Pathways bereits nach 2 Minuten zu erkennen, wobei die Aktivierung nach 60 Minuten wieder aufhörte. Dabei war das Endniveau der Aktivierung deutlich niedriger als das Anfangsniveau.

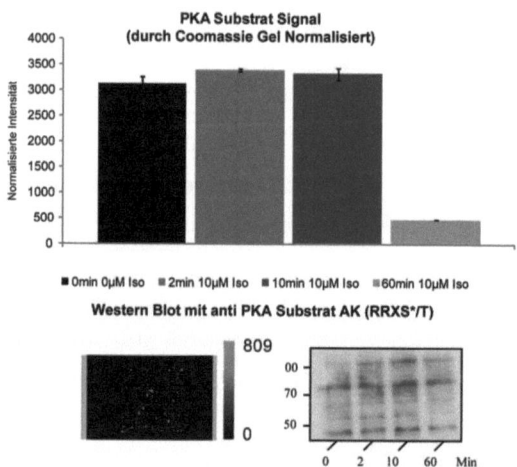

Abbildung 44: Stimulation von COS-7 Zellen mit Isoproterenol; RPMA Auswertung. Der RPMA wurde mit dem PKA-Substrat AK inkubiert. Die Signale wurden anhand der Unterschiede und im Mittelwert der Lysate (n=3) aus Abbildung 22 normalisiert. Eine Aktivierung des PKA Pathways ist bereits nach 2 Minuten Stimulierung zu sehen. Nach 60 Minuten erfolgter Stimulierung sinkt die PKA Aktivität unter die des Anfangsniveaus. Der korrelierende Westernblot zeigt ein ähnliches Aktivierungspattern.

Die Aktivierung des Signaltransduktionsweges als Phosphorylierung von Zielproteinen wie CREB war weniger deutlich ausgeprägt als erwartet. Bei einem Vergleich der Aktivierung durch einen Western Blot, ist ein eindeutiger Verlauf der Stimulierung nicht zu erkennen. Die Intensität der Bande nach 60 Minuten ist im Western Blot ebenfalls deutlich geringer als vor der Stimulierung. Alle Proteinlysate wurden vor dem Spotten anhand der Signalintensitätsunterschiede (bestimmt mittels Coomassie Gel) normalisiert.

Ein Rückschluss auf die tatsächlich immobilisierten Moleküle pro Spot ist nicht möglich. Die Anzahl der Moleküle auf dem Array selbst kann durch viele Faktoren beeinflusst werden und unterliegt größeren Schwankungen. Um eine bessere Normalisierung gewährleisten zu können, wurde nach einer Möglichkeit gesucht, Schwankungen direkt auf dem Array detektieren zu können. Auf Grund solcher Schwankungen lassen sich leichte Veränderungen von post-translationalen Modifikationen nach einer Stimulierung wie in Abbildung 44 nicht eindeutig auf die Stimulierung zurückführen.

3.4 Auswerten der Microarraydaten

Um den Verlauf einer erfolgten Stimulierung auf RPMAs abbilden und auswerten zu können, muss neben der Herstellung und Prozessierung der Microarrays auch die Auswertung der Daten entsprechend adaptiert werden. Die Auswertung hat einen wesentlichen Einfluss auf die Qualität der ermittelten Ergebnisse und trägt maßgeblich zur richtigen Darstellung von Signaltransduktionswegen auf Microarrays bei.

3.4.1 Donutstrukturen auf RPMAs

Bei der Herstellung von Protein Microarrays kann es zu einer ungleichen Immobilisierung der Proteine kommen. Durch ein ungleichmäßiges Eintrocknen können die Proteine am Rand eines Features akkumulieren. Das Erscheinungsbild des Features entspricht dann dem eines Donuts. Daher werden diese Strukturen auch als Donut-Strukturen bezeichnet. Im Querschnitt betrachtet zeigt sich dies sehr deutlich (Abbildung 45). Wird bei der Berechnung der Signalintensitäten der Median und der Mittelwert der Signalintensitäten miteinander verglichen, zeigt sich dass der Mittelwert des Features im Vergleich zum Median, etwas höher ist. Bei besonders ausgeprägten Donutstrukturen, sprich einer großen Differenz zwischen minimaler und maximaler Intensität, kann es daher zur Annahme eines zu hohen Signals kommen. Deswegen wurde bei der Auswertung der Arrays der Median benutzt.

Querschnitt einer Donut Struktur

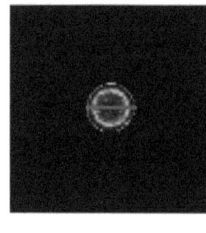 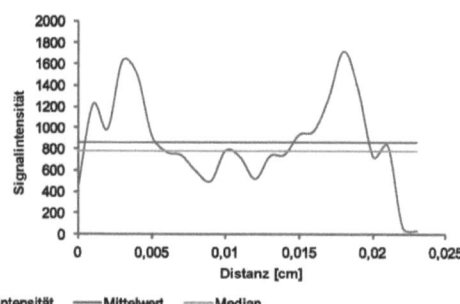

Abbildung 45: Querschnitt eines Features – Median vs. Mittelwert. Bei Proteinspots kann es vorkommen, dass die Signalstärke nicht gleichmäßig über das gesamte Feature verteilt ist. Dargestellt ist der Querschnitt eines Features. Die Berechnungen von Median und Mittelwert zeigen, dass der Median bei ungleicher Verteilung der Intensität einen robusteren Wert liefert.

Neben der Verwendung des Medians bei der Auswertung ist die Normalisierung über Signalintensitäten eines mit Coomassie gefärbten Gels nur als Richtwert zu sehen. Die Proteinkonzentration der Lysate kann durch verschiedene Effekte beim Herstellen und Prozessieren des Arrays variieren. Um all diese Faktoren mit einzubeziehen, sollte die Proteinkonzentration am Ende des Assays auf dem Array bestimmt werden. Um die unterschiedlichen Proteinkonzentrationen auf dem Array nicht nur miteinander zu vergleichen sondern auch eine relative Quantifizierung durchführen zu können, muss gegen die Gesamtproteinkonzentration nach dem Spotten und dem Assay normalisiert werden. Dabei werden sämtliche Faktoren wie z.B. das Abwaschen nicht gebundener Proteine, Spotvolumen, Immobilisierungeffizienz u.a. die einen Einfluss haben berücksichtigt.

3.4.2 Normalisierung der Proteinkonzentrationen mittels Epicocconone-Färbung

Eine Möglichkeit um den Gesamtproteingehalt auf Microarrays zu bestimmen stellt die Färbung mit dem Farbstoff Epicocconone dar. Damit lassen sich Proteine ähnlich einer Coomassie Färbung nachweisen. Epicocconone kann bei einer Wellenlänge von 532 nm ausgelesen werden. Anschließend kann durch die Berechnung eines Normalisierungsfaktors der Proteingehalt der einzelnen Features mathematisch angeglichen werden. Grundvoraussetzung für eine erfolgreiche Normalisierung ist dabei die hohe Reproduzierbarkeit der Färbung selbst. Abbildung 46 zeigt die Inter- und Intrareproduzierbarkeit der Färbung. Dazu wurde aus zwei hergestellten Chargen von Microarrays der erste und letzte Slide mittels Epicocconone angefärbt. Aus einer Produktionsserie von 12 Slides wurden somit der erste und der zwölfte Slide angefärbt. Auf diese Weise war es möglich Schwankungen beim Herstellen der Slides nachzuweisen. War die Abweichung zwischen den Slides zu groß, wurde kein Assay durchgeführt. Eine hohe Reproduzierbarkeit der Färbung innerhalb einer Charge zeigt also, ob alle Slides auf gleiche Weise hergestellt wurden und ermöglicht somit eine Normalisierung der Proteinkonzentrationen. Um den gesamten Prozess der RPMA Herstellung charakterisieren zu können, wurden ebenfalls verschiedene Produktionschargen untereinander verglichen. Eine hohe Interslidereproduzierbarkeit ist dabei das Maß für die Vergleichbarkeit mehrerer Chargen untereinander. Abbildung 46 zeigt, dass sowohl die Intra- als auch die Interslide Reproduzierbarkeit der Färbung größer als 95 % war und ließ damit eine entsprechende Quantifizierung der ermittelten Daten zu.

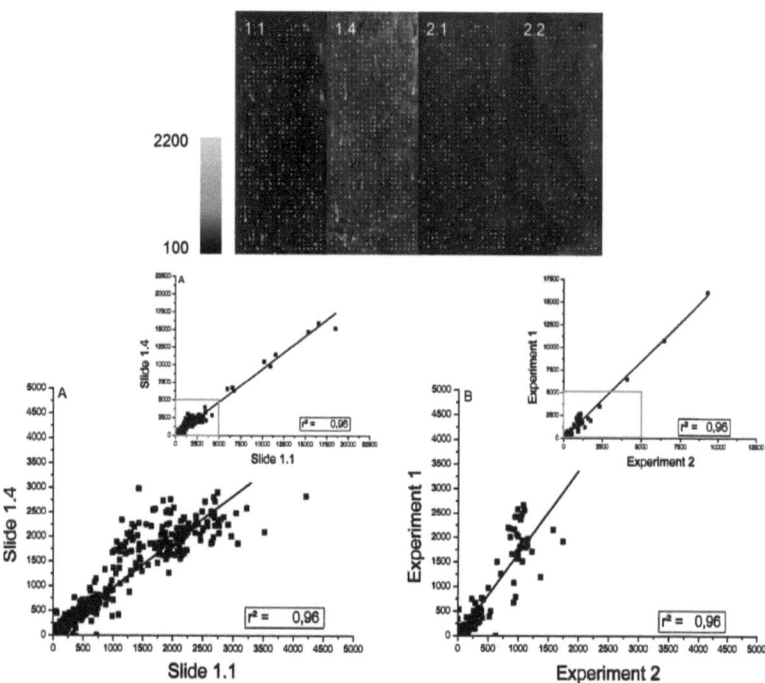

Abbildung 16: Reproduzierbarkeit der Epicoccononefärbung. Diagramm links zeigt die Intraslide Reproduzierbarkeit der Färbung. Dabei wurden zwei Slides im selben Lauf hergestellt und anschließend angefärbt. Im rechten Diagramm ist die Interslide Reproduzierbarkeit dargestellt. Hierzu wurden Slides mit denselben Proben aus zwei, voneinander unabhängigen, Läufen miteinander verglichen. Beide Reproduzierbarkeiten haben einen Korrelationskoeffizienten von 0,96 und damit eine Reproduzierbarkeit von über 95 %.

Wie in Abbildung 45 gezeigt, entstehen beim Trocken der Lysate auf den Arrays Donutstrukturen, was durch die Verwendung des Medians bei der Bestimmung der Signalintensität ausgeglichen werden konnte. Wie bereits im letzten Abschnitt erläutert wurde, wurden die Werte um die Unterschiede des jeweiligen Proteingehalts korrigiert. Die Annahme eines gleichen Proteingehalts ist von großer Bedeutung, da ansonsten etwaige Änderungen nicht auf eine Aktivierung eines Signaltransduktionsweges zurückzuführen sind sondern auf eine unterschiedliche Proteinkonzentration der Lysate. Ein weiterer Faktor, der in der Normalisierung noch nicht enthalten ist, ist die Korrektur der Signalwerte um die Autofluoreszenz der Lysate auf dem Array selbst.

3.4.3 Autofluoreszenz der Lysate auf dem RPMA

Autofluoreszenz spielt nicht nur bei der Auswahl des richtigen Slides eine Rolle, sondern auch bei den aufgebrachten Lysaten selbst. Bei der aus technischen Gründen in dieser Arbeit verwendeten Wellenlänge von 532 nm zeigten die Zelllysate einen unterschiedlichen Grad an Autofluoreszenz. Direkt nach dem Spotten der Proteine war überall dort wo Lysat auf den Slide aufgebracht wurde, bereits vor der Inkubation mit den Antikörpern ein Signal zu detektieren. Abbildung 47 A zeigt die Autofluoreszenz von einem Array nach dem Spotten, Waschen und Blocken. Die Autofluoreszenz eines jeden gemessenen Features (Abbildung 47 B, rote Balken) verdeutlicht, dass auch vor der Inkubation mit einem Antikörper ein Signal für jedes Feature gemessen werden konnte. Wie im rechten Teil der Abbildung zu erkennen ist, sind die gemessenen Signale (schwarze Balken) des Slides (B) am höchsten. (B) wurde nach dem Durchführen des Assays aufgenommen und zeigt die Signale nach der Inkubation mit dem primären Antikörper und dem sekundären, mit einem Fluoreszenzfarbstoff versehenem Antikörper. Subtrahiert man die Autofluoreszenz (rote Balken) von den eigentlichen Signalen (schwarze Balken) ergibt sich somit das eigentliche, korrigierte Signal (blaue Balken). Die Abbildung verdeutlicht, dass die Signale nach der Durchführung des Assays um deren eigene Autofluoreszenz korrigiert werden müssen. Durch diese Korrektur kann das Auswerten und Bewerten von Features ausgeschlossen werden, die kein Signal durch Antikörperbindung und anschließende Detektion liefern, sondern nur auf Grund ihrer eigenen Autofluoreszenz detektiert worden sind.

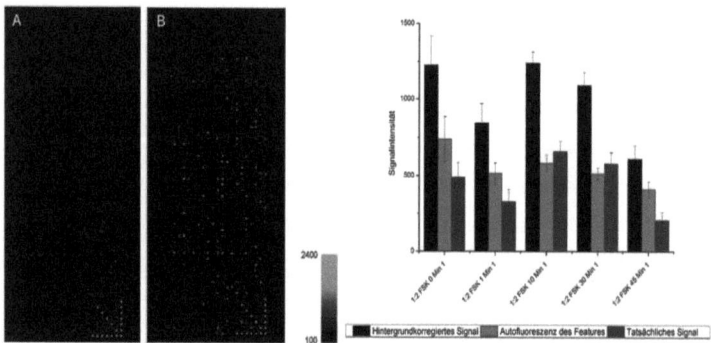

Abbildung 47: Autofluoreszenz der Lysate. (A) Autofluoreszenz der Lysate nach dem Blocken und Waschen des Arrays. (B) Signale nach der Inkubation mit primären und sekundären Antikörpern.

Mit Abschnitt 3.4.3 konnte die mathematische Korrektur der ermittelten Microarraydaten abgeschlossen werden. In den drei vorangegangenen Abschnitten wurde die Strategie zur Auswertung der Arrays unter Berücksichtigung der Immobilisierungseffizienzen, Proteinkonzentrationen und der Autofluoreszenz gezeigt. Um den eigentlichen Antikörperassay bewerten zu können ist die Verwendung von Positivkontrollen ein weiterer wichtiger Faktor. Die Verwendung dieser Kontrollen ermöglicht die Unterscheidung zwischen einem Lysat, in dem durch die Stimulierung kein Signalweg aktiviert wurde und einem fehlerhaften Antikörperassay der ebenfalls zu keinem Signal führt.

3.4.4 Reproduzierbarkeit der Positivkontrollen auf dem RPMA

Die Positivkontrolle (*in vitro* phosphoryliertes CREB) wurde in drei unterschiedlichen Konzentrationen auf den Slide gebracht; (i) 250 ng / µl, (ii) 25 ng / µl und (iii) 2,5 ng / µl. Um die Reproduzierbarkeit der Positivkontrollen zu testen, wurden zwei Slides aus zwei unterschiedlichen Spottvorgängen ausgewählt und anschließend wie in 0 beschrieben behandelt (Abbildung 48 links). Die Signalintensitäten der Slides wurden dann gegeneinander aufgetragen (Scatterplot). Das Diagramm (Abbildung 48 rechts) zeigt dabei die Reproduzierbarkeit der Antikörpererkennung des immobilisierten pCREBs. Der Korrelationskoeffizient von 0,96 zeigt, dass der Assay auch zwischen zwei verschiedenen Produktionschargen reproduzierbar war.

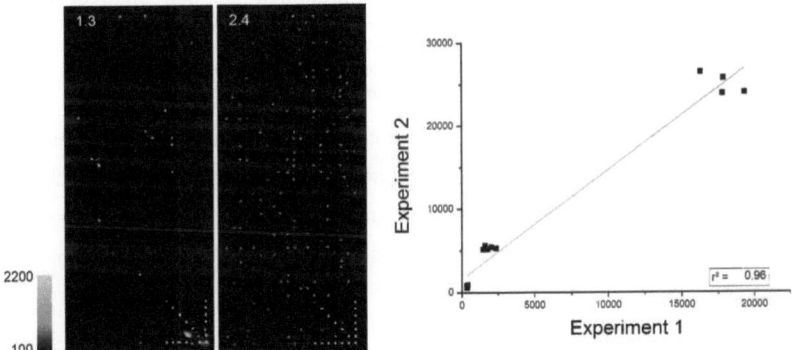

Abbildung 48: Reproduzierbarkeit der Positivkontrollen mit dem pCREB AK. Rekombinant aufgereinigtes wt-CREB wurde in vitro phosphoryliert und anschließend in unterschiedlichen Konzentrationen auf den Slide gespottet. Nach durchgeführtem Assay mit dem pCREB AK wurden die Signale des Arrays ausgewertet. Das Diagramm (rechts) zeigt die Interslide Reproduzierbarkeit der Positivkontrollen mit dem AK zwischen zwei verschiedenen Chargen an produzierten Microarrays.

Wie bereits in Abschnitt 3.2.4 erläutert, konnte weder pCREB noch CREB in den Lysaten eindeutig nachgewiesen gewesen. Die Positivkontrollen auf dem Array wurden deswegen zusätzlich mit dem PKA-Substrat AK getestet. Der PKA-Substrat AK erkennt verschiedene phosphorylierte Zielproteine mit dem Motiv RRXS/T, darunter auch an pCREB. Wie in Abbildung 49 zu erkennen ist werden auch die immobilisierten pCREB Postitivkontrollen, in zwei unterschiedlichen Produktionschargen, mit einem Korrelationskoeffizienten von

0,72 gebunden. Auffällig ist, dass die Signalintensitäten für die mittlere Konzentration extrem große Schwankungen ausweist.

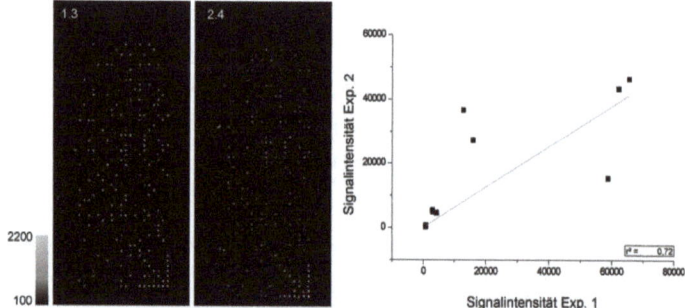

Abbildung 49: Reproduzierbarkeit der Positivkontrollen mit dem PKA-Substrat AK. Rekombinant aufgereinigtes wt-CREB wurde in vitro phosphoryliert und anschließend in unterschiedlichen Konzentrationen auf den Slide gespottet. Nach durchgeführtem Assay mit dem PKA-Substrat AK wurden die Signale des Arrays ausgewertet. Das Diagramm (rechts) zeigt die Interslide Reproduzierbarkeit der Positivkontrollen mit dem AK zwischen zwei verschiedenen Chargen an produzierten Microarrays.

Durch die Verwendung eines automatisierten Slidehandling Systems, der Normalisierung der Proteinkonzentrationen anhand einer Totalproteinfärbung, die Verwendung von Positivkontrollen und eine verbesserte Auswertung der Daten können Signaltransduktionsevents auf einem RPMA relativ quantifiziert werden.

3.5 Signaltransduktion auf RPMAs

Durch die vorher beschriebene Optimierung der Assaybedingungen und eine verbesserte Normalisierung konnte die Qualität der, mittels RPMAs, gewonnen Daten deutlich verbessert werden. Um den PKA Signaltransduktionsweg und dessen Aktivierung auf einem RPMA zu verfolgen wurden die Stimulierungsversuche (dargestellt in Abbildung 44: Stimulation von COS-7 Zellen mit Isoproterenol; RPMA Auswertung., wiederholt. Dazu wurde die Stimulierung simultan und in biologischen Duplikaten durchgeführt. Für die Stimulierung selbst wurden zusätzliche Zeitpunkte eingefügt und ein weiterer Stimulus (Forskolin) verwendet. Die Zellen wurden dazu in 6-Well Platten kultiviert und vor dem Experiment für 2 h ausgehungert. Anschließend wurden die Zellen bis zu den angegebenen Zeitpunkten stimuliert. Die hergestellten Lysate wurden mit Benzonase behandelt um die genomische DNA zu verdauen und sie somit unter gleichen Bedingungen spottbar zu machen. Vor dem Spotten wurden alle Lysate für 10 Minuten auf 75° C erhitzt um alle Proteine zu denaturieren. Jede der Proben wurde in 5 Replikaten pro Array gespottet. Der gesamte Assay auf den Microarrays wurde mit allen beschriebenen Optimierungen durchgeführt. Die Normalisierung der Daten erfolgte über eine Färbung mittels Epicocconone. Dazu wurden aus einer Produktionscharge von 12 Slides, jeweils zwei Slides mit Epicocconone angefärbt. Die entsprechenden Slides zur Normalisierung wurden dabei identisch behandelt wie die anderen Slides, um gleiche Bedingungen zu simulieren. Der sich daraus ergebene Normalisierungsfaktor wurde auf alle Proben angewendet, nachdem die Autofluoreszenz der Lysate subtrahiert wurde. Von allen Features wurde der Median der Signalintensität berechnet. Die Standardabweichung ergibt sich aus den fünf gespotteten Replikaten.

In Abbildung 50 ist der Verlauf der Stimulierung dargestellt. Durch die Normalisierung der Lysate auf dem Array sind nun das Anfangs- und Endniveau der Stimulierung vergleichbar. Zuvor befand sich das Endniveau deutlich unter dem des Anfangsniveaus. Dies ist auf eine fehlerhafte Normalisierung anhand des Coomassie gefärbten Gels zu erklären. Die zusätzlichen Zeitpunkte zur Probenentnahme zeigen den gesamten Stimulierungsverlauf. Das erste, initiale

Experiment (schwarze Balken) zeigt eine Aktivierung des PKA Signaltransduktionsweges nach einer Minute und ein Ende der Stimulierung nach 45 min. Im zweiten, simultan durchgeführten biologischen Experiment ist eine deutliche Aktivierung erst nach 30 Minuten zu sehen. In beiden Replikaten geht die Aktivität der PKA nach 45 Minuten deutlich zurück. Zwischen den beiden durchgeführten biologischen Replikaten unterscheidet sich das Aktivierungspattern der PKA deutlich. Währen im ersten Experiment die Aktivierung der PKA zuerst ansteigt und anschließend zurück geht, erfolgt im zweiten Experiment eine deutlich spätere Aktivierung der PKA.

Die Proben wurden nach der Stimulierung wie in 2.2.1 beschrieben gelagert. Eine Wiederholung des Versuches nach 8 Wochen zeigte, dass die Intensität der Signale sich verändert hatte, der Aktivierungsverlauf aber noch erkennbar war. Die zweite Wiederholung nach 12 Wochen zeigt, dass die Signalintensitäten sich kaum noch unterscheiden. Über den gesamten Lagerungszeitraum nahmen die Signalintensitäten um einen Faktor 2-3 ab.

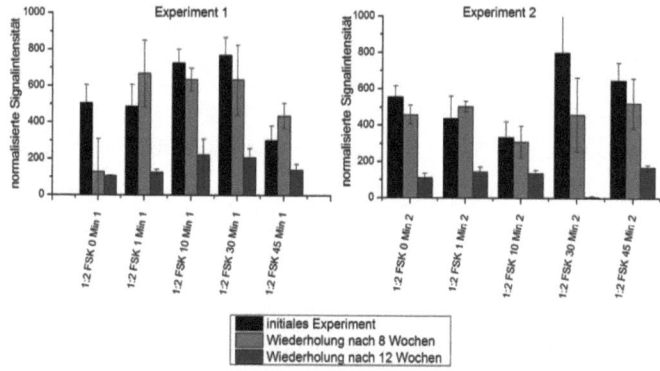

Abbildung 50: Forskolin-Stimulierung von COS-7 Zellen über einen Zeitraum von 45 Minuten. Die Stimulierung wurde dabei mit 10 µM Forskolin in Duplikaten durchgeführt (Experiment 1 und Experiment 2). Abgebildete Balkendiagramme zeigen die normalisierte Signalintensität des PKA-Substrat AK. Die Standardabweichung errechnete sich aus n=5. Die Zellen wurden wie in 2.2.1 beschrieben gelagert. Das Experiment wurde dann nach 8 und 12 Wochen mit den eingefrorenen Zellen wiederholt um die Lagerfähigkeit der Lysate und Stabilität der PTMs zu testen. Die biologischen Duplikate unterscheiden sich stark in ihrem Aktivierungspattern des PKA Signaltransduktionsweges. Über einen Zeitraum von 12 Wochen ist eine starke Abnahme der Signalintensität zu beobachten.

Eine Stimulierung der COS-7 Zellen mit Isoproterenol zeigte dabei ein ähnliches Bild. Auch dieses Experiment wurde simultan in Duplikaten durchgeführt um einen Rückschluss auf die biologische Stabilität der Stimulierung treffen zu können. Durch die Zugabe des Noradrenalinderivates Isoproterenol wurde der PKA Signaltransduktionsweg über den gleichen Mechanismus wie bei der Stimulierung mit Forskolin aktiviert. Im Gegensatz zu dem vorangegangen Experiment ist hier in beiden biologischen Replikaten eine Aktivierung des Weges bereits nach einer Minute zu erkennen. Während in Experiment 1 ein Maximum der Aktivierung nach 30 Minuten erreicht ist, ist in Experiment 2 dieses schon nach 10 Minuten erreicht. Im zweiten Experiment erreicht die Aktivierung dann ein Plateau und scheint im Gegensatz zu Experiment 1 nach 45 Minuten nicht wieder abzunehmen. Nach der Lagerung der Proben für 8 Wochen ist in diesem Versuch bereits eine leichte Abnahme der Signalintensitäten zu beobachten. Dies trifft sowohl für Experiment 1 als auch Experiment 2 zu. Werden die Proben weitere 4 Wochen gelagert, sinkt die Intensität der Signale weiter - insgesamt um einen Faktor 2-4. In allen vier Versuchen (Stimulierung Forskolin/Isoproterenol; Experiment 1 und 2) konnte nach der Lagerung für einen Zeitraum von 12 Wochen kein Aktivierungsverlauf der PKA mehr abgebildet werden.

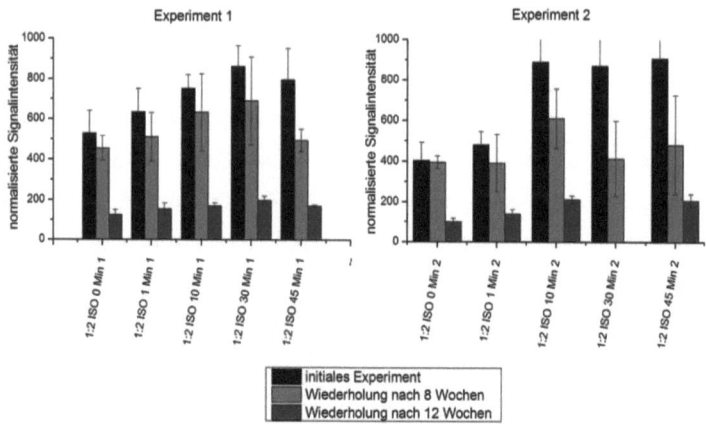

Abbildung 51: Isoproterenol Stimulierung von COS-7 Zellen über einen Zeitraum von 45 Minuten. Die Zellen wurden mit 10 µM Isoproterenol stimuliert. Abgebildetes Balkendiagramm zeigt die normalisierte Signalintensität des PKA-Substrat AK. Die Standardabweichung errechnete sich aus n=5. Die Zellen wurden wie in 2.2.1 beschrieben gelagert. Das Experiment wurde dann nach 8 und 12 Wochen mit den eingefrorenen Zellen wiederholt um die Lagerfähigkeit der Lysate und Stabilität der PTMs zu testen. Über einen Zeitraum von 12 Wochen ist eine starke Abnahme der Signalintensität zu beobachten.

4 Diskussion

Der PKA Signaltransduktionsweg und Möglichkeiten diesen zu stimulieren sind in der Literatur gut beschrieben [12, 62-64]. Um eine neue Methode zu etablieren, ist das Zurückgreifen auf einen bereits gut beschriebenen und etablierten Signaltransduktionsweg eine Möglichkeit die Ergebnisse einer neuen Methode, anhand der Literatur, zu verifizieren. Wäre der Signalweg und die Interaktionen zwischen den Proteinen dieses Weges noch weitestgehend unbekannt, könnte bei der Etablierung einer neuen Methode nicht gesagt werden, ob die erhaltenen Ergebnisse das tatsächliche Bild wiedergeben oder ob dies auf Grund einer fehlerhaften Durchführung der Methode entstanden ist. Im folgenden Abschnitt werden die erhaltenen Ergebnisse diskutiert und in den Zusammenhang bereits etablierter Methoden und Literatur gestellt.

4.1 Zellkultur, Signaltransduktion, Zellaufschluss und Quantifizierung der Lysate

Um ein geeignetes Zellkultursystem zu finden, in dem die Stimulierung durchgeführt werden kann und die Lysate für die Reverse Phase Protein Microarrays herstellen zu können, wurden verschiedenen Zellkulturlinien untersucht. Die verschiedenen Zelllinien wurden auf ihre Generationszeiten und potentielle morphologische Änderungen untersucht, um ein möglichst stabiles Zellkultursystem zu haben. Je kürzer die Generationszeiten desto mehr Zellen können in kürzerer Zeit erhalten werden und somit die Ausbeute an Zellextrakt gesteigert werden. Des Weiteren wurden die einzelnen Zelllinien stimuliert um zu sehen, ob der PKA Signaltransduktionsweg in diesen Zelllinien im Western Blot und später auf den RPMAs dargestellt werden kann. Anfänglich wurde die Hybridomazelllinie F11 verwendet. Diese Zelllinie ist eine Fusion aus Neuroblastoma Zellen (Maus) und Dorsal Root Ganglion Zellen (Ratte). Sie enthält ein Gemisch aus beiden Genomen – sowohl das der Maus als auch das der Ratte. Die Zelllinie wurde bei der „Health Protection Agency Culture Collections" (HPACC) mit der Katalognummer 08062601 bestellt. Im Laufe der Doktorarbeit stellte sich diese jedoch als ungeeignet heraus. In mehreren Experimenten (exemplarisch für die Stimulierung: Abbildung 25) konnte gezeigt werden, das eine Stimulierung dieser Zellen grundsätzlich möglich ist. Das kontinuierliche Passagieren der Zellen veränderte die Zelllinie zunehmend morphologisch. Weitere durchgeführte Stimulierungsexperimente führten immer wieder zu unterschiedlichen Ergebnissen. Teilweise konnte auch keine Aktivierung des PKA Signaltransduktionsweges erreicht werden. Obwohl das verwendete HAMs F12 Medium ein sogenanntes HAT Medium ist, welches benutzt wird um den Selektionsdruck auf Hybridomazelllinien aufrecht zu erhalten, konnten verschiedene Zellkulturpopulationen nachgewiesen werden. Auf Nachfrage bei der HPACC wurde mitgeteilt, dass die vorangegangene Kultivierung dieser Zelllinie mit DMEM Medium durchgeführt wurde. Dieses Medium enthält weder Hypoxanthin, Aminopterin noch Thymidin, was bedeutet, dass der Selektionsdruck nicht aufrechterhalten wurde. Die weitere Verwendung dieser Zellkulturlinie wurde daraufhin eingestellt.

Alle weiteren Experimente wurden mit den HEK293 und COS-7 Zelllinien durchgeführt. Da die Generationszeiten dieser Zelllinien deutlich geringer waren als die der F11 Zelllinie, konnte durch die höhere Konzentration der Proteinlysate in kürzerer Zeit ein besserer Nachweis der Zielproteine im Western Blot durchgeführt werden. Die Stimulierung und Fraktionierung dieser Zellen gelang, wie in Abbildung 25 exemplarisch gezeigt.

Wie in Abbildung 21 gezeigt werden konnte, ist der gewählte Lysezeitraum von 10 Minuten ausreichend, um alle Zellen von der Kulturflasche zu lösen und damit in Lyse zu bringen. Eine vollständige Lyse aller Zellen ermöglicht unter anderem die höchstmögliche Proteinkonzentration.

4.2 Antikörpervalidierung und Herstellung der Kontrollen

Zhang zeigt in seinem Review [65], dass Antikörper für die Verwendung in Microarrayexperimenten validiert werden müssen. Sind die Bedingungen für das Herstellen der Lysate nativ, reicht es nicht aus, die Antikörper nur über Western Blot zu validieren. Da es auf Microarrays keine Auftrennung nach der Größe (wie in einem Western Blot) der Proteine gibt, können mögliche Kreuzreaktivitäten der Antikörper falsch positive aber auch falsch negative Signale liefern. Daher wurden die in Microarrays verwendeten Antikörper vorher auf mögliche Kreuzreaktivitäten getestet. Wie bereits Ambroz in seinem Protokoll für Reverse Phase Protein Microarrays schreibt [66], ist es von großer Bedeutung, die Validierungsbedingungen und die späteren Bedingungen auf dem Array identisch zu wählen, da die Korrelation der Ergebnisse sonst möglicherweise nicht gegeben ist. Es wurde daher auf die Verwendung der gleichen Lysate, die auch später für die Microarrayexperimente verwendet werden sollen, geachtet. Eine Validierung mittels Western Blots ist ausreichend, wenn sichergestellt ist, dass die Proteine auf dem Microarray in einem denaturierten Zustand vorliegen. Der Versuch aus Abschnitt 0 diente der Überprüfung der Konformation der Proteine vor dem Spotten. Natives CREB ist in der Lage an die für ihn spezifische DNA-Sequenz zu binden. Ist der Transkriptionsfaktor CREB jedoch denaturiert, kann er nicht mehr an die für ihn spezifische CRE-Bindestelle binden. Dasselbe gilt für die im Lysat enthaltenen Transkriptionsfaktoren die ebenfalls an die CRE-Sequenz binden. Sollten die Proteine im Lysat nativ sein, ist eine Komplexbildung zu erwarten, sind die Proteine denaturiert, kann davon ausgegangen werden, dass alle Proteine in diesem Lysat linearisiert vorliegen. Wie in Abbildung 29 zu sehen ist, bindet wt-CREB an die CRE-Sequenz. Mit steigender CREB Konzentration sind Komplexe zu erkennen. Wird jedoch die Probe vor dem eigentlichen EMSA für 10 Minuten bei 75° C erhitzt, ist keine Komplexbildung mehr zu erkennen. Um zu testen ob der verwendete Lysepuffer M-PER einen Einfluss auf die Bindemöglichkeit von CREB hat, wurde das Experiment mit zwei verschiedenen Puffern getestet. Dabei stellte sich heraus, dass der verwendete M-PER Lysepuffer keinen Einfluss auf die Bindung hat. Daher kann davon ausgegangen werden, dass die Lyse der Zellen unter nativen Bedingungen stattfindet und die danach im Puffer enthaltenen Proteine sich in einer nativen Konformation befinden. Um zu testen ob sich diese Aussage verallgemeinern lässt, wurde der Versuch mit M-PER Puffer und Lysat wiederholt. Wie in Abbildung 30 zu sehen ist, können unter Standardbedingungen Protein-DNA-Komplexe gebildet werden. Wird einen Hitzeschritt von 10 Minuten bei 75° C vor dem Experiment durchgeführt, ist zu sehen dass eine Bindung der im Lysat enthaltenen Transkriptionsfaktoren an die CRE-Sequenz nicht mehr möglich ist. Demnach sind die nativen Proteine durch den Hitzeschritt denaturiert worden. Durch dieses Verfahren kann sichergestellt werden, dass (i) alle Proteine in dem Lysat denaturiert werden und (ii) dem zufolge Enzyme wie Proteasen, Phosphatasen und vor allem Kinasen nicht mehr aktiv sind. Durch diesen zusätzlichen Hitzeschritt vor dem Aufbringen der Proben auf den Microarray kann demnach der Status der post-translational hinzugefügten Phosphorylierungen erhalten werden. Durch das Denaturieren können weder Phosphatgruppen hinzugefügt noch abgebaut werden. Des Weiteren ist sichergestellt, dass alle auf den Microarray gebrachten Proteine denaturiert sind. Somit müssen für die Arrayexperimente verwendete Antikörper nur noch auf ihre Bindefähigkeit linearer Epitope hin getestet werden, wodurch auf den zusätzlichen Validierungsschritt mittels Immunopräzipitation verzichtet werden konnte. Im Gegensatz zu Chiechi und Kollegen [67], die beschreiben, dass die Lysate vor dem Spotten für 5 Minuten auf 100° C erhitzt werden, konnte auch durch ein 10-minütiges erhitzen auf 75°C der gleiche Effekt erzielt werden. Alle Antikörper die in den späteren Microarray Experimenten verwendet wurden, wurden daher mittels Western Blots analysiert.

Aufgrund der niedrigen Kopienzahl pro Zelle war es nicht möglich CREB in allen Zelllysaten eindeutig nachzuweisen. Auf den Microarrays sollen relative Verhältnisse zueinander betrachtet werden, weswegen Signalamplifikationsmethoden, wie beim Western Blot üblich, nicht verwendet wurden. An der Universität Kassel durchgeführte Western Blots mit einer Detektion mittels Elektrochemiluminszenz (ECL) zeigten, dass die COS-7 Lysate CREB enthalten. Dieser Nachweis war mit Entwicklungszeiten von bis zu 60 Minuten verbunden, was die Vermutung, dass CREB in nur geringen Konzentrationen vorliegt, untermauert. Die Verwendung von ECL auf einem Microarray ist nicht ohne Weiteres möglich, daher wurde auf die Verwendung von CREB als Reporterantikörper für die Aktivierung des PKA Signaltransduktionsweges verzichtet. Der pPKA Substratantikörper bindet an CREB, da dieser Transkriptionsfaktor ebenfalls ein Ziel der PKA darstellt [68]. So kann in den verwendeten Zelllysaten die Stimulierung mittels pPKA-Substratantikörper nachgewiesen werden und CREB und pCREB können als Positiv- bzw. Negativkontrollen verwendet werden. Wie in den Western Blots aus Abbildung 31 zu sehen ist, hat die Zelllyse nach der Stimulierung funktioniert. Dies wurde mit dem anti-Aktin Antikörper erfolgreich überprüft. Die zusätzliche Bande in der pCREB Spur erklärt sich durch den Ablauf der Entwicklung dieser Blots. Der pCREB Blot wurde repräsentativ für alle anderen Western Blots im Anschluss mit dem anti-Aktin Antikörper inkubiert. Da er zuvor mit dem pCREB Antikörper inkubiert wurde, ist diese Bande ebenfalls zu sehen. Der sekundäre Antikörper, anti-Rabbit Alexa Fluor 532, wurde ebenfalls mit dem COS-7 Zelllysat getestet, um auszuschließen, dass in dem Lysat Proteine vorhanden sind, die ebenfalls mit dem Sekundärantikörper interagieren. Wie die Western Blots beweisen, ist dies nicht der Fall und der Antikörper kann daher für alle folgenden Experimente verwendet werden.

4.3 Herstellen von Reverse Phase Microarrays

Ein Hauptteil dieser Arbeit umfasste die sehr zeitintensive Optimierung zur Herstellung der RPMAs. Durch diverse Optimierungen am Spottingroboter selbst, konnte die Zeit zum Spotten der Proben drastisch verkürzt werden, wodurch die Zellextrakte eine möglichst kurze Verweildauer bei der Herstellung hatten. Zhu und Kollegen [69] haben gezeigt, das Proteine am ehesten an der Luft / Wasser Grenze akkumulieren. Daher wirken sich kurze Verweilzeiten der Arrays positiv auf Verdunstungeffekte und damit auch auf die Form der Spots (Vermeidung von Donutstrukturen) aus. Trotz verkürzter Waschzeiten, konnte sichergestellt werden, das kein Probenübertrag und somit eine mögliche Kontamination stattfand. Durch den zusätzlichen Benzonaseverdau der Lysate vor dem Spotten, konnten alle Lysate unter identischen Parametern gespottet werden. Ohne diesen Verdau müsste eine Einstellung der Parameter, wie Pulsbreite und Spannung des Piezokristalls (beeinflussen die Öffnungszeiten und Frequenzen der Düse), für jede Probe erneut getestet werden. Dies ist von großer Bedeutung für die Automatisierung der gesamten Herstellung. Eine hohe Divergenz der Proben würde zwangsläufig zu einem zeitintensiveren Herstellungsprozess der RPMAs führen, da der Spottingroboter die einzelnen Lysate nicht automatisiert auf die Slides bringen könnte. Zusätzlich konnten alle Lysate randomisiert auf den Slide gespottet werden, was mögliche Randeffekte durch eine ungenügende oder schlechte Durchmischung weiter minimiert.

Einen weiteren wichtigen Schritt um erfolgreich Experimente auf RPMAs durchführen zu können, ist die Auswahl des richtigen Slides. Bei RPMAs muss besonders darauf geachtet werden, dass möglichst viele Proteine auf die Oberfläche immobilisiert werden können, sprich die Beladekapazität möglichst hoch ist. Wie in Abschnitt 3.3.3 zu sehen ist, hat der mit Nitrozellulose beschichtete Slide die anfangs höchste Beladungskapazität. Durch die 3D-Oberfläche der Nitrozellulose können mehr Proteine immobilisiert werden (Abbildung 52), als dies bei „herkömmlichen" 2D-Oberflächen der Fall ist. Nach der Durchführung von Wasch- und Blockierungsschritten wurde jedoch ein Großteil der Proteine wieder abgewaschen.

Je nach gewählter Oberfläche gibt es verschiedene Arten, wie die Proteine an diese gebunden werden können. Dabei wird grundsätzlich zwischen kovalenten und rein adsorptiven Bindemechanismen unterschieden. Wie in Abbildung 52 gezeigt ist, binden die Proteine, bei Slides die mit Nitrozellulose beschichtet sind, rein absorptiv. Bei einer solchen 3D-Struktur können zwar mehr Proteine pro cm² binden jedoch werden auch mehr Proteine wieder abgewaschen, da die Bindung nicht kovalent ist.

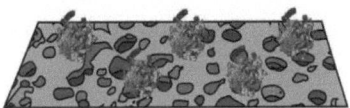

Abbildung 52: Nitrozellulosebschichtung von Microarrays. Schematische Darstellung der adsorptiven Bindung von Proteinen an einen Objektträger der mit Nitrozellulose beschichtet ist.

Werden hingegen Objektträger, die mit Epoxy-Gruppen beschichtet sind, verwendet binden die aufgebrachten Proteine kovalent (siehe Abbildung 53). Die reaktiven Gruppen sind planar auf die Oberfläche gebracht worden, weswegen hierbei von einer 2D Oberfläche gesprochen. Die Bindung erfolgt über eine über eine Amin-, Hydroxy oder auch eine Thiolbindung. Ein anschließendes Abwaschen der Proteine ist nicht möglich. Die maximale Beladungsdichte ist vergleichbar mit der von Nitrozellulose beschichteten Slides.

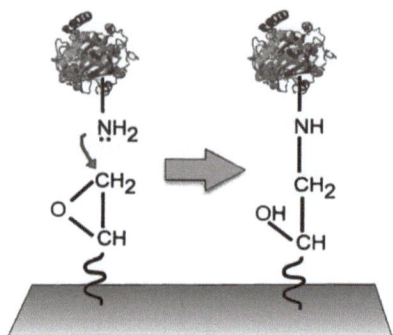

Abbildung 53: Epoxybeschichtung von Microarrayslides. Schematische Darstellung der Kopplungschemie zwischen Protein und mit Epoxygruppen beschichteter Oberfläche

Die Oberflächen der Slides müssen blockiert werden. Zwischen den immobilisierten Proteinen befinden sich freie Stellen, an die weitere Proteine (z.B. Detektionsantikörper) unspezifisch binden könnten. Daher müssen diese freien Stellen abgesättigt werden. Werden diese Stellen nicht ausreichend abgesättigt, kann es zu einem höheren Hintergrundsignal oder zu falsch positiven/negativen Signalen kommen. Die Detektion der Zielproteine nicht nur abhängig von der Konzentration des Analyten sondern auch vom Hintergrundsignal [70]. Verschiedenste Blockierungslösungen haben nicht nur einen unterschiedlichen Einfluss auf das Hintergrundsignal sondern können auch einen Einfluss auf die Spezifität der Antikörper selbst haben [44]. Deswegen wurden Optimierungsschritte durchgeführt, um den Einfluss des Blockens auf die gesamt Assayqualität zu untersuchen. Zu den

Standardblockierungslösungen gehören unter anderem Milchpulverlösung, Rinderalbumin (BSA) [71] oder auch Lösungen wie Ethanolamin. Bei Slides mit einer Epoxy-Beschichtung konnten mit einer 10 % Milchpulverlösung die besten Resultate, mit dem niedrigsten Hintergrund, erzielt werden, was mit den Ergebnissen von Alhamdani und Kollegen übereinstimmt [72].

Das Signal-zu-Rauschen Verhältnis findet in verschiedenen Applikationen Anwendung. Im Bereich der Microarrays ist es das Maß zur Unterscheidung zwischen Signal und Hintergrund. Diese Unterscheidung ist ein wichtiger Parameter um zu Prüfen ob das Signal ein echtes Signal ist oder nur unspezifische Bindung des Antikörpers bzw. Hintergrundrauschen. Dabei wird davon ausgegangen, dass wenn die SNR einen bestimmten Schwellenwert überschreitet, das Signal als signifikant bezeichnet werden kann. Das Verhältnis von Signal zu Hintergrund spielt eine besondere Rolle, wenn mit niedrig expremierten Proteinen gearbeitet wird. In diesem Fall kann es sein, dass so wenige Moleküle zur Detektion vorhanden sind, dass sie in einem potentiell höheren Hintergrundsignal untergehen. An dieser Stelle kann das SNR-Verhältnis als Parameter hinzugezogen werden, um festzustellen ob eine Auswertung der Daten sinnvoll ist oder nicht. Zur Berechnung dieses Verhältnisses gilt dabei folgende Formel:

$$SNR = \frac{Signal - Hintergrund}{Standardabweichung\ des\ Hintergrunds}$$

Wie anhand der Formel zu erkennen ist, besteht eine direkte Korrelation zwischen der allgemeinen Intensität des Hintergrunds (i.e. der natürliche Hintergrund durch Effekte wie Autofluoreszenz der verwendeten Materialien) und dem Signal-zu-Rauschen Verhältnis. Demnach ist das Reduzieren des Hintergrundsignals von enormer Bedeutung bei der Detektion und Quantifizierung von schwach expremierten Analyten. Dies zeigt sich deutlich beim Vergleich der mittleren Signalintensitäten nach erfolgtem Blocken, Waschen und dem eigentlichen Assay (Abschnitt 3.3.3). Im Gegensatz zu der 3D-Oberfläche ist bei Epoxy-beschichteten Slides die anfängliche Beladungskapazität deutlich geringer. Der Vergleich der mittleren

Intensitätswerte nach dem Assay zeigen jedoch, dass anfänglich eine geringere Signalintensität detektiert werden kann, am Ende aber auch weniger von der Oberfläche gewaschen wird. Dies ist auf die kovalente Bindung der Proteine an die Oberfläche zu erklären (Abbildung 53). Bei einer zu hohen Autofluoreszenz der Slides, können möglicherweise Proteine mit einer geringen Kopienzahl pro Zelle nicht mehr detektiert werden, da deren zu erwartendes Signal unter dem des Hintergrundes liegt. Auf Grund der durchgeführten Experimente und Optimierungen stellte sich heraus, dass die mit Epoxygruppen beschichteten Slides den Nitrozelluloseslides vorzuziehen sind.

Neben dem Herstellen der Slides bzw. Arrays und der richtigen Auswahl möglicher Oberflächenmodifikationen, spielt das Waschen und Blockieren der Arrays eine Rolle. Die anfänglich in den FAST-Frame Kammern durchgeführten Versuche zeigten deutlich, dass durch die schlechte Durchmischung innerhalb der Kammern, Artefakte vom Blockieren übrig bleiben. Durch das geringe Volumen dieser Kammern gelang es nicht, die Oberfläche ausreichend zu waschen. Daher wurden die Wasch- und Blockierungsschritte in einem größeren Gefäß durchgeführt, um Artefaktbildung zu minimieren (Abbildung 36). Durch die Umstellung auf das Agilent System zur Slideinkubation, wurde der Reaktionsraum größer. Durch die veränderte Geometrie der Reaktionskammern konnte eine bessere Durchmischung erreicht werden. Trotz größerem Inkubationsvolumen des Agilentsystems und der Möglichkeit eine Luftblase für die Durchmischung einzufügen, zeigte sich, dass die Durchmischung innerhalb des Reaktionsraumes ungenügend ist. Besonders deutlich war die schlechte Durchmischung anhand unterschiedlicher Signalintensitäten, trotz identischer Konzentrationen des Transkriptionsfaktors CREB, zu erkennen. Dieser wurde 65-mal auf einen Array gespottet und anschließend mit einem anti-CREB AK detektiert. Wie in der Abbildung 39 gezeigt werden konnte, unterschieden sich die einzelnen Spots, trotz gleicher Konzentration, deutlich voneinander. Durch den Umstieg auf ein automatisiertes System zur Slideinkubation und das randomisierte Aufbringen der Lysate auf den Array konnten solche Rand- und Durchmischungseffekte weiter minimiert werden.

4.4 Auswerten der Microarraydaten

Die Auswertung der, durch RPMA Experimente, erhaltenen Daten spielt eine große Rolle. Die Wahl der richtigen Parameter und das Beachten von einzelnen Faktoren sind entscheidend für die Qualität der erlangten Ergebnisse. Wie die Experimente gezeigt haben, können Microarrays nicht durch das Quantifizieren der Lysate vor dem eigentlichen Spotvorgang normalisiert werden. Die Experimente über die Beladungskapazität haben gezeigt dass – unabhängig von den Oberflächen – im Laufe des gesamten Assays, Analyt von der Oberfläche gewaschen wird. Dieser Effekt ist für epoxybeschichtete Slides geringer als für Slides die mit Nitrozellulose beschichtet sind. Die Konzentration die gespottet wird entspricht nie der Konzentration am Ende des Assays. Durch minimale Unterschiede im abgegebenen Tropfenvolumen kann es zu unterschiedlichen Mengen auf dem Array kommen. Des Weiteren kann die Immobilisierungseffizienz von Spot zu Spot variieren. Je nach verwendetem Inkubationssystem kann es auch zu lokalen Konzentrationsunterschieden beim Waschvorgang kommen. Alle diese Faktoren beeinflussen die Anzahl der Moleküle auf der Oberfläche. Keiner dieser Faktoren kann durch eine Proteinquantifizierung der Lysate vor dem Spotten erfasst werden. Auf Grund dieser Tatsachen wurde auf eine vorherige Quantifizierung der Lysate verzichtet. Anstatt dessen wurde eine Methode etabliert, die Proteinkonzentration (bzw. deren Verhältnisse zueinander) auf dem Array zu bestimmten. Die Slides, die für die Normalisierung mittels Epicocconone verwendet wurden, wurden gleich den Arrays für die Analyse behandelt. Somit werden die Assaybedingungen (inklusive aller Wasch- und Blockingvorgänge) bei der Normalisierung mit berücksichtigt.

Eine Auswertung einer ungleichen Verteilung der Intensitäten über die Pixel kann schnell zu hohe Werte anzeigen. Die Interpretation solcher Ergebnisse führt möglicherweise zur Annahme falsch positiver Features. Durch die Wahl des Median anstatt des Mittelwertes können auftretende Donutstrukturen adäquat ausgewertet werden.

Um sicherstellen zu können, dass der Antikörperassay jedes Mal fehlerfrei funktioniert, müssen entsprechende Positivkontrollen mitgeführt werden. Daher wurde auf jeden Array phosphoryliertes CREB (siehe Abschnitt 2.2.11) gespottet. Falls der pPKA Antikörper kein Signal in den Lysaten jedoch ein Signal für die entsprechende Postitivkontrolle zeigt, kann auf diese Art und Weise sichergestellt werden, dass es nicht an einem fehlerhaften Antikörperassay liegt sondern daran, dass die Aktivierung des PKA-Signaltransduktionsweges nicht erfolgt ist.

4.4.1 Massentransport

Nach dem Aufbringen der Probe auf den Microarray und dem Blockieren des Slides folgt der eigentliche Assay und damit einhergehend die Detektion des Analyten. Bei der Bindung von Antikörpern an ein auf eine Oberfläche gebundenes Protein spielt der Massentransport eine entscheidende Rolle. Im Gegensatz zu Assays die in gut durchmischten Lösungen stattfinden, ist die eigentliche Bindung des Antikörpers an ein Zielprotein auf der Oberfläche um einige Zehnerpotenzen langsamer. Daher spielen in dieser Mikroumgebung einige Faktoren eine besonders entscheidende Rolle. Dies sind unter anderem die folgenden Effekte [73]:

(1) die Viskosität des Puffers
(2) schlechte Durchmischungsverhältnisse auf dem Array selbst
(3) die Inkubationszeit der Antikörper
(4) die Wahl von Antikörpern mit besonders hohen Affinitätswerten.

In manchen Fällen können nicht alle dieser Parameter berücksichtigt werden, z.B. wenn kein alternativer Antikörper zur Verfügung steht oder aber die Pufferzusammensetzung nicht bekannt ist (kommerziell verfügbare Puffersysteme) oder aber nicht geändert werden kann / darf. Bis zu einem gewissen Punkt kann durch eine verlängerte Inkubationszeit und besseres Mischverhalten entgegengewirkt werden. Werden Inkubationskammern verwendet, muss die Inkubationszeit entsprechend lang gewählt werden. Wird mit automatisierten Stationen gearbeitet, kann sichergestellt werden, dass sowohl genug Antikörper vorhanden ist um alle potentiellen Bindungsstellen abzusättigen als auch dass für eine optimale Durchmischung gesorgt ist. Es konnte gezeigt werden, dass die im Assay verwendeten Antikörper keinerlei Kreuzreaktivität mit den verwendeten Lysaten hatte und dass die Verwendung der automatisierten Slideinkubation für eine optimale Durchmischung und Versorgung mit Antikörper gesorgt hat.

4.4.2 Normalisierung der Microarraydaten

Die Normalisierung über die Menge an immobilisiertem Protein kann benutzt werden um Unterschiede von Proteinkonzentrationen zwischen den Features anzugleichen [74]. Dies ist zwingend notwendig, um Unterschiede der PTMs durch Aktivierung des PKA Signaltransduktionsweges auf eine Stimulierung und nicht auf unterschiedliche Proteinkonzentrationen zurückzuführen. Wie bereits VanMeter und Kollegen [75] gezeigt haben, kann durch die Normalisierung einer Gesamtproteinfärbung der Nachweis von PTMs erfolgreich auf RPMAs dargestellt werden. Eine weitere Methode um die gewonnen Daten zu normalisieren, ist die Berechnung eines Verhältnisses zum unphosphorylierten Protein oder einem Housekeeping Gen [76]. Im Gegensatz zu dieser Methode ist die Normalisierung gegen die Gesamtproteinkonzentration weniger anfällig gegen Änderungen des Expressionslevels. Wie die Ergebnisse erfolgreich zeigen, ist die Färbung der Microarrays mittels Epicocconone eine äußerst effektive Methode die immobilisierten Proteine anzufärben. Durch die hohe Reproduzierbarkeit der Färbung war es möglich den Proteingehalt der einzelnen Features auf dem Array, nach dem durchgeführten Assay, relativ zu quantifizieren. Etwaige Änderungen durch den Assay selbst konnten somit mathematisch korrigiert werden. Dadurch konnten die erhaltenen Ergebnisse auf eine Aktivierung durch Stimulation der Zellen zurückgeführt werden.

4.5 Signaltransduktion auf RPMAs

Ziel dieser Arbeit war die relative Quantifizierung von Proteinen mittels Reverse Phase Protein Microarrays anhand der Stimulierung des PKA Signaltransduktionsweges. Um dieses Ziel zu erreichen, waren zahlreiche Optimierungen notwendig. Eine Darstellung relativer Verhältnisse und damit verbunden eine relative Quantifizierung der stimulierten Lysate ist durch das verbesserte Protokoll und die optimierte Auswertung möglich gewesen. Es zeigten sich Varianzen, die biologischen Ursprungs sind und nicht durch eine Optimierung der Technik oder der Auswertung zu korrigieren sind. Da die Signaltransduktion ein komplexer Vorgang ist, spielen Faktoren wie der Grad der Konfluenz oder der Druck der auf den Zellen lastet eine weitere Rolle. Diese

Faktoren beeinflussen die Signaltransduktion der Zellen bereits vor der Stimulierung und können auch durch ein Aushungern der Zellen nicht verhindert werden. Grundsätzlich konnte gezeigt werden, dass eine relative Quantifizierung mittels Reverse Phase Protein Microarrays möglich ist, jedoch von vielen Faktoren abhängig ist. Bei Stimulierungsexperimenten sind Grundsätzlich strikte Standardprotokolle für die Stimulierung selbst, aber auch für die Prozessierung und Lagerung der Lysate einzuhalten. Eine Vergleichbarkeit der Versuche ist ansonsten nicht gewährleistet. Transport und Lagerung sowie die unmittelbare Prozessierung der Proben können einen direkten Einfluss auf den Phosphorylierungsstatus von Proteinen haben [77]. So konnte gezeigt werden, dass der Transport von Proben auf Trockeneis durch den Einfluss von CO_2 zu deutlichen pH-Änderungen führen kann. Damit einhergehend sind Proteinaggregationen und der chemische Abbau von Phosphatgruppen verbunden [78]. Ohne die strikte Einhaltung von Standardprotokollen von der Probennahme bis zur eigentlichen Datenauswertung ist eine Vergleichbarkeit der Ergebnisse mit anderen Labors nicht möglich und kann ansonsten zur Fehlinterpretation gewonnener Ergebnisse führen.

5 Zusammenfassung in Deutsch

Im Gegensatz zum Genom ist das Proteom hochvariabel. Es variiert nicht nur von Organismus zu Organismus, sondern auch zwischen verschiedenen Geweben und innerhalb eines Gewebes von Zelle zu Zelle. Grund hierfür sind unter anderem unterschiedliche Splicevarianten und posttranslationale Modifikationen (PTMs). Diese sind zeitlich begrenzt, sehr dynamisch und abhängig vom Zellzyklus oder externen Stimuli und beeinflussen die Proteinzusammensetzung einer Zelle. Nur ein Bruchteil dieser Modifikationen spielt bei regulatorischen Prozessen eine Rolle. Eine der wichtigsten PTMs ist die Phosphorylierung von Proteinen, denn diese spielt eine entscheidende Rolle bei der Signaltransduktion und damit einhergehend, der Veränderung des Proteoms. Zum Verständnis von Signaltransduktionsevents gehört die Analyse der zeitlichen und räumlichen Dynamik von posttranslationalen Modifikationen. Deswegen ist es von besonderem Interesse diese Änderung der Verhältnisse möglichst genau zu untersuchen. Proteinbasierte Nachweismethoden, wie die Analyse mittels Reverse Phase Protein Microarrays, sind in der Lage Änderungen des Proteoms direkt nachweisen zu können.

Ziel dieser Arbeit war die relative Quantifizierung von Proteinen mittels RPMAs anhand der Stimulierung des PKA Signaltransduktionsweges. Um dieses Ziel zu erreichen, wurde der gesamte Vorgang vom Herstellen der Microarrays, über den Assay auf den Slides und der Auswertung bis zur Stimulierung der Zellen optimiert. In diesem Zusammenhang wurden verschiedene Zelllinien und Stimuli getestet und die Lysebedingungen an die Anforderungen des Piezo-Spotter angepasst. Bei der Herstellung der RPMAs wurde auf eine möglichst kurze Verweildauer der Lysate und eine schnelle, automatisierte Herstellungsprozedur geachtet. Um die zeitlich unterschiedlich stimulierten Lysate miteinander vergleichen zu können wurde eine Normalisierung gegen den Gesamtproteingehalt am Ende des Assays durchgeführt. Eine Änderung der Signalintensität ist somit auf die Stimulierung und nicht auf einen unterschiedlichen Proteingehalt nach dem Spotten auf den Arrays zurückzuführen.

Die Aktivierung des PKA Signaltransduktionsweges konnte in relativen Verhältnissen dargestellt werden. Es konnte durch Stimulierung eine Aktivierung der PKA nach wenigen Minuten gemessen werden. Wie die Ergebnisse zeigen, sind Phosphorylierungen im Zelllysat nur über einen begrenzten Zeitraum stabil und die Analysedauer ab Probennahme sollte möglichst kurz gehalten werden. Dabei traten biologische Varianzen auf, welche nicht durch die Optimierung des Protokolls oder eine verbesserte Auswertung zu korrigieren waren. Faktoren wie der Grad der Konfluenz oder der Druck des Zellkulturmediums haben bereits im Vorfeld einen Einfluss auf die Signaltransduktion und konnten, auch durch ein vorangegangenes Aushungern der Zellen und eine optimierte Herstellung der RPMAs selbst, nicht minimiert werden. Es konnte gezeigt werden, dass die relative Quantifizierung mittels Reverse Phase Protein Microarrays möglich, jedoch von vielen Faktoren abhängig ist. Um die Vergleichbarkeit der Versuche, auch zwischen verschiedenen Laboren, zu gewährleisten ist eine strikte Einhaltung einheitlicher Protokolle von der Stimulierung der Zellen über die Prozessierung und Lagerung der Lysate unabdingbar.

6 Zusammenfassung in Englisch

In contrast to the genome, the proteome is highly variable. It not only differs from organism to organism but also between different tissues. Even cells within one tissue type may have different protein content. Reasons for this diversity are various splice variants and post translational modifications. These PTMs are time limited, highly dynamic and depend on external stimuli or cell cycle. However, only a fraction is involved in regulatory processes like cell signaling, transcription and translation. One modification that plays a vital role in signal transduction and therefore also in gene regulation, is the phosphorylation of proteins. In order to understand signal transduction events the investigation of phosphorylation time frames upon stimulation is crucial. Protein based methods like Reverse Phase Protein Microarrays are able to track these changes on the level they occur – the proteomic level. Using the PKA signal transduction network as a model system, the aim of this study was the relative quantification of proteins using the RPMA technique.

Goal of this thesis was the relative quantification of proteins using reverse phase protein microarrays. The PKA signal transduction pathway was chosen as a model system to optimize various steps along the way from cell culture over the actual production of the array to the final data acquisition and evaluation. Diverse stimuli and cell lines were tested and optimized for parameters like PKA activation, protein content and lysis conditions. To ensure automated high quality microarray production, fabrication times could be reduced to a minimum. On-array normalization was established to guarantee suitable estimation of all changes to the number of proteins immobilized on the array.

The activation of the PKA signal transduction pathway could be monitored in relative amounts. Upon stimulation of the cells, PKA activity was measured after a couple of minutes and was depleted after 45 minutes. As the results show, phosphorylations are only stable for a limited amount of time. As a direct consequence the time between the stimulation experiment and the actual assay on the RPMA have to be kept as short as possible. Parameters like confluence of the cells or changes in pressure on top of the cells influence the phosphorylation pattern in signal transduction cascades before / during and after starvation and stimulation. Such parameters can neither be normalized by total protein staining nor be corrected by an improved fabrication protocol. Results showed that relative quantification of proteins using reverse phase protein microarray technology is possible. The outcome is greatly influenced by various factors along the production chain. Factors like sample processing and storage have a high impact on the stability and amount of PTMs measured. In order to be able to compare the results, not only from day to day, but also with different laboratories, the strict adherence to standard operation procedures in mandatory.

7 Literaturverzeichnis

[1] Krishna, R. G., Wold, F., *Advances in Enzymology and Related Areas of Molecular Biology*, John Wiley & Sons, Inc. 2006, pp. 265-298.

[2] Tibes, R., Qiu, Y., *et al.*, Reverse phase protein array: validation of a novel proteomic technology and utility for analysis of primary leukemia specimens and hematopoietic stem cells. *Molecular Cancer Therapeutics* 2006, *5*, 2512-2521.

[3] Morón, J. A., Devi, L. A., Use of proteomics for the identification of novel drug targets in brain diseases. *Journal of Neurochemistry* 2007, *102*, 306-315.

[4] Aebersold, R., Goodlett, D. R., Mass Spectrometry in Proteomics. *Chemical Reviews* 2001, *101*, 269-296.

[5] Ghazalpour, A., Bennett, B., *et al.*, Comparative Analysis of Proteome and Transcriptome Variation in Mouse. *PLoS Genet* 2011, *7*, e1001393.

[6] Templin, M. F., Stoll, D., *et al.*, Protein microarray technology. *Trends in Biotechnology* 2002, *20*, 160-166.

[7] Chan, S. M., Ermann, J., *et al.*, Protein microarrays for multiplex analysis of signal transduction pathways. *Nature Medicine* 2004, *10*, 1390-1396.

[8] Park, P. S., Ensemble of G protein-coupled receptor active states. *Curr Med Chem.* 2012;19(8):1146-54. 2012.

[9] Kim, C., Cheng, C. Y., *et al.*, PKA-I Holoenzyme Structure Reveals a Mechanism for cAMP-Dependent Activation. *Cell* 2007, *130*, 1032-1043.

[10] Cardinaux, J. R., Notis, J. C., *et al.*, Recruitment of CREB binding protein is sufficient for CREB-mediated gene activation. *Mol Cell Biol.* 2000 Mar;20(5):1546-52. 2000.

[11] Miklos, G. L. G., Maleszka, R., Protein functions and biological contexts. *Proteomics* 2001, *1*, 169-178.

[12] Delghandi, M. P., Johannessen, M., *et al.*, The cAMP signalling pathway activates CREB through PKA, p38 and MSK1 in NIH 3T3 cells. *Cellular Signalling* 2005, *17*, 1343-1351.

[13] Zhang, L., Jope, R. S., Oxidative stress differentially modulates phosphorylation of ERK, p38 and CREB induced by NGF or EGF in PC12 cells. *Neurobiol Aging* 1999, *20*, 271-278.

[14]   Zhang, Y., Wolf-Yadlin, A., *et al.*, Time-resolved Mass Spectrometry of Tyrosine Phosphorylation Sites in the Epidermal Growth Factor Receptor Signaling Network Reveals Dynamic Modules. *Molecular & Cellular Proteomics* 2005, *4*, 1240-1250.

[15]   Perroy, J., Pontier, S., *et al.*, Real-time monitoring of ubiquitination in living cells by BRET. *Nat Methods. 2004 Dec;1(3):203-8. Epub 2004 Nov 18.* 2004.

[16]   Andres, C., Meyer, S., *et al.*, Quantitative automated microscopy (QuAM) elucidates growth factor specific signalling in pain sensitization. *Mol Pain. 2010 Dec 27;6:98. doi: 10.1186/1744-8069-6-98.* 2010.

[17]   Ennis, W. B., Jr., James, D. T., A Simple Apparatus for Producing Droplets of Uniform Size from Small Volumes of Liquids. *Science* 1950, *112*, 434-436.

[18]   Martin, R. M., Piezoelectricity. *Physical Review B* 1972, *5*, 1607-1613.

[19]   Fung, E. T., Delehanty, J. B., *Protein Arrays*, Humana Press 2004, pp. 135-143.

[20]   Löbke, C., Laible, M., *et al.*, Contact spotting of protein microarrays coupled with spike-in of normalizer protein permits time-resolved analysis of ERBB receptor signaling. *Proteomics* 2008, *8*, 1586-1594.

[21]   Büssow, K., Cahill, D., *et al.*, A method for global protein expression and antibody screening on high-density filters of an arrayed cDNA library. *Nucleic Acids Research* 1998, *26*, 5007-5008.

[22]   Lueking, A., Horn, M., *et al.*, Protein Microarrays for Gene Expression and Antibody Screening. *Analytical Biochemistry* 1999, *270*, 103-111.

[23]   Hultschig, C., Kreutzberger, J., *et al.*, Recent advances of protein microarrays. *Current Opinion in Chemical Biology* 2006, *10*, 4-10.

[24]   Collett, J. R., Cho, E. J., *et al.*, Production and processing of aptamer microarrays. *Methods* 2005, *37*, 4-15.

[25]   Lian, W., Wu, D., *et al.*, Sensitive detection of multiplex toxins using antibody microarray. *Analytical Biochemistry* 2010, *401*, 271-279.

[26]   Shi, W., Meng, Z., *et al.*, Proteome analysis of human pancreatic cancer cell lines with highly liver metastatic potential by antibody microarray. *Molecular and Cellular Biochemistry* 2011, *347*, 117-125.

[27] Gao, J., Liu, C., et al., Antibody microarray-based strategies for detection of bacteria by lectin-conjugated gold nanoparticle probes. *Talanta* 2010, *81*, 1816-1820.

[28] Matysiak, S., Reuthner, F., et al., Automating parallel peptide synthesis for the production of PNA library arrays. *Biotechniques* 2001, *31*, 896, 898, 900-892, 904.

[29] Frank, R., The SPOT-synthesis technique. Synthetic peptide arrays on membrane supports--principles and applications. *Journal of Immunological Methods* 2002, *267*, 13-26.

[30] Hueber, W., Kidd, B. A., et al., Antigen microarray profiling of autoantibodies in rheumatoid arthritis. *Arthritis & Rheumatism* 2005, *52*, 2645-2655.

[31] Gaseitsiwe, S., Valentini, D., et al., Peptide Microarray-Based Identification of Mycobacterium tuberculosis Epitope Binding to HLA-DRB1*0101, DRB1*1501, and DRB1*0401. *Clinical and Vaccine Immunology* 2010, *17*, 168-175.

[32] Wu, H., Ge, J., et al., A Peptide Aldehyde Microarray for High-Throughput Profiling of Cellular Events. *Journal of the American Chemical Society* 2011, *133*, 1946-1954.

[33] Uttamchandani, M., Yao, S. Q., et al., *Small Molecule Microarrays*, Humana Press 2010, pp. 183-194.

[34] Kimura, N., Okegawa, T., et al., Site-Specific, Covalent Attachment of Poly(dT)-Modified Peptides To Solid Surfaces for Microarrays. *Bioconjugate Chemistry* 2007, *18*, 1778-1785.

[35] Hastie, C. J., McLauchlan, H. J., et al., Assay of protein kinases using radiolabeled ATP: a protocol. *Nature Protocols* 2006, *1*, 968-971.

[36] Köhler, K., Seitz, H., Validation processes of protein biomarkers in serum--a cross platform comparison. *Sensors (Basel)* 2012, *12*, 12710-12728.

[37] Paweletz, C. P., Charboneau, L., et al., Reverse phase protein microarrays which capture disease progression show activation of pro-survival pathways at the cancer invasion front. *Oncogene* 2001, *20*, 1981-1989.

[38] Swameye, I., Müller, T. G., et al., Identification of nucleocytoplasmic cycling as a remote sensor in cellular signaling by databased modeling. *Proceedings of the National Academy of Sciences of the United States of America* 2003, *100*, 1028-1033.

[39] Korf, U., Derdak, S., *et al.*, Quantitative protein microarrays for time-resolved measurements of protein phosphorylation. *Proteomics* 2008, *8*, 4603-4612.

[40] Leivonen, S. K., Makela, R., *et al.*, Protein lysate microarray analysis to identify microRNAs regulating estrogen receptor signaling in breast cancer cell lines. *Oncogene* 2009, *28*, 3926-3936.

[41] Romeo, M. J., Wunderlich, J., *et al.*, Measuring Tissue-Based Biomarkers by Immunochromatography Coupled with Reverse-Phase Lysate Microarray. *Clinical Cancer Research* 2006, *12*, 2463-2467.

[42] Dupuy, L., Gauthier, C., *et al.*, A highly sensitive near-infrared fluorescent detection method to analyze signalling pathways by reverse-phase protein array. *Proteomics* 2009, *9*, 5446-5454.

[43] Garcia, B. H., 2nd, Hargrave, A., *et al.*, Antibody microarray analysis of inflammatory mediator release by human leukemia T-cells and human non small cell lung cancer cells. *Journal of Biomolecular Techniques* 2007, *18*, 245-251.

[44] Ambroz, K. L. H., Zhang, Y., *et al.*, Blocking and detection chemistries affect antibody performance on reverse phase protein arrays. *Proteomics* 2008, *8*, 2379-2383.

[45] Espina, V., Woodhouse, E. C., *et al.*, Protein microarray detection strategies: focus on direct detection technologies. *Journal of Immunological Methods* 2004, *290*, 121-133.

[46] Eickhoff, H., Konthur, Z., *et al.*, Protein array technology: the tool to bridge genomics and proteomics. *Adv Biochem Eng Biotechnol. 2002;77:103-12.* 2002.

[47] Major, S., Nishizuka, S., *et al.*, AbMiner: A bioinformatic resource on available monoclonal antibodies and corresponding gene identifiers for genomic, proteomic, and immunologic studies. *BMC Bioinformatics* 2006, *7*, 192.

[48] Colwill, K., Graslund, S., A roadmap to generate renewable protein binders to the human proteome. *Nat Meth* 2011, *8*, 551-558.

[49] Espina, V., Liotta, L. A., *et al.*, *Molecular Profiling*, Humana Press 2012, pp. 311-324.

[50] Rossier, J. S., Girault, H. H., Enzyme linked immunosorbent assay on a microchip with electrochemical detection. *Lab on a Chip* 2001, *1*, 153-157.

[51] Tang, D., Yuan, R., *et al.*, Novel potentiometric immunosensor for the detection of diphtheria antigen based on colloidal gold and polyvinyl butyral as matrixes. *Biochemical Engineering Journal* 2004, *22*, 43-49.

[52] MacBeath, G., Protein microarrays and proteomics. *Nature Genetics* 2002, *32*, 526-532.

[53] Gallagher, R. I., Silvestri, A., *et al.*, 2011, pp. 275-301.

[54] Ham, R. G., Clonal Growth of Mammalian Cells in a Chemically Defined, Synthetic Medium. *Proc Natl Acad Sci U S A* 1965, *53*, 288-293.

[55] Prinz, A., Diskar, M., *et al.*, Novel, isotype-specific sensors for protein kinase A subunit interaction based on bioluminescence resonance energy transfer (BRET). *Cellular Signalling* 2006, *18*, 1616-1625.

[56] Sambrook, J., Russell, D. W., *et al.*, *Molecular cloning : a laboratory manual / Joseph Sambrook, David W. Russell*, Cold Spring Harbor Laboratory, Cold Spring Harbor, N.Y. : 2001.

[57] Bradford, M. M., A rapid and sensitive method for the quantitation of microgram quantities of protein utilizing the principle of protein-dye binding. *Analytical Biochemistry* 1976, *72*, 248-254.

[58] Kersten, B., Possling, A., *et al.*, Protein microarray technology and ultraviolet crosslinking combined with mass spectrometry for the analysis of protein-DNA interactions. *Analytical Biochemistry* 2004, *331*, 303-313.

[59] Montminy, M., Transcriptional Regulation by Cyclic AMP. *Annual Review of Biochemistry* 1997, *66*, 807-822.

[60] Bradshaw, N. J., Ogawa, F., *et al.*, DISC1, PDE4B, and NDE1 at the centrosome and synapse. *Biochemical and Biophysical Research Communications* 2008, *377*, 1091-1096.

[61] Bell, P. J. L., Karuso, P., Epicocconone, A Novel Fluorescent Compound from the Fungus Epicoccum nigrum. *Journal of the American Chemical Society* 2003, *125*, 9304-9305.

[62] Hanke, S., Nürnberg, B., *et al.*, Cross Talk between β-Adrenergic and Bradykinin B2Receptors Results in Cooperative Regulation of Cyclic AMP Accumulation and Mitogen-Activated Protein Kinase Activity. *Molecular and Cellular Biology* 2001, *21*, 8452-8460.

[63] Zhao, Q., Tao, J., *et al.*, Rapid induction of cAMP//PKA pathway during retinoic acid-induced acute promyelocytic leukemia cell differentiation. *Leukemia* 2003, *18*, 285-292.

[64] Ha, C. H., Kim, J. Y., *et al.*, PKA phosphorylates histone deacetylase 5 and prevents its nuclear export, leading to the inhibition of gene transcription and cardiomyocyte hypertrophy. *Proceedings of the National Academy of Sciences* 2010, *107*, 15467-15472.

[65] Zhang, H., Pelech, S., Using protein microarrays to study phosphorylation-mediated signal transduction. *Semin Cell Dev Biol.* 2012 Oct;23(8):872-82. doi: 10.1016/j.semcdb.2012.05.009. Epub 2012 Jun 15. 2012.

[66] Ambroz, K., Impact of blocking and detection chemistries on antibody performance for reverse phase protein arrays. *Methods Mol Biol.* 2011;785:13-21. doi: 10.1007/978-1-61779-286-1_2. 2011.

[67] Chiechi, A., Mueller, C., *et al.*, Improved data normalization methods for reverse phase protein microarray analysis of complex biological samples. *Biotechniques* 2012, *0*, 1-7.

[68] Johannessen, M., Delghandi, M. P., *et al.*, What turns CREB on? *Cell Signal.* 2004 Nov;16(11):1211-27. 2004.

[69] Zhu, X., Guo, A., *Functional Protein Microarrays in Drug Discovery*, CRC Press 2007, pp. 53-71.

[70] Haab, B. B., Dunham, M. J., *et al.*, Protein microarrays for highly parallel detection and quantitation of specific proteins and antibodies in complex solutions. *Genome biology* 2001, *2*, RESEARCH0004.

[71] Hsieh, H. Y., Wang, P. C., *et al.*, Effective enhancement of fluorescence detection efficiency in protein microarray assays: application of a highly fluorinated organosilane as the blocking agent on the background surface by a facile vapor-phase deposition process. *Analytical Chemistry* 2009, *81*, 7908-7916.

[72] Alhamdani, M. S. S., Schröder, C., *et al.*, Analysis conditions for proteomic profiling of mammalian tissue and cell extracts with antibody microarrays. *Proteomics* 2010, *10*, 3203-3207.

[73] Kusnezow, W., Syagailo, Y. V., *et al.*, Kinetics of antigen binding to antibody microspots: Strong limitation by mass transport to the surface. *Proteomics* 2006, *6*, 794-803.

[74] Anderson, T., Wulfkuhle, J., *et al.*, Improved reproducibility of reverse-phase protein microarrays using array microenvironment normalization. *Proteomics.* 2009 Dec;9(24):5562-6. doi: 10.1002/pmic.200900505. 2009.

[75] VanMeter, A. J., Rodriguez, A. S., *et al.*, Laser capture microdissection and protein microarray analysis of human non-small cell lung cancer: differential epidermal growth factor receptor (EGPR) phosphorylation events associated with mutated EGFR compared with wild type. *Mol Cell Proteomics.* 2008 Oct;7(10):1902-24. doi: 10.1074/mcp.M800204-MCP200. Epub 2008 Aug 6. 2008.

[76] Calvert, V., Tang, Y., *et al.*, Development of multiplexed protein profiling and detection using near infrared detection of reverse-phase protein microarrays. *Clinical Proteomics* 2004, *1*, 81-89.

[77] Kornblau, S. M., Coombes, K. R., Use of reverse phase protein microarrays to study protein expression in leukemia: technical and methodological lessons learned. *Methods Mol Biol.* 2011;785:141-55. doi: 10.1007/978-1-61779-286-1_10. 2011.

[78] Murphy, B. M., Swarts, S., *et al.*, Protein instability following transport or storage on dry ice. *Nat Meth* 2013, *10*, 278-279.

[79] Robert Wellhausen, Seitz, H., Facing Current Quantification Challenges in Protein Microarrays. *Journal of Biomedicine and Biotechnology* 2012, *2012*, 8.

[80] Solomun, T., Sturm, H., *et al.*, Interaction of a Single-Stranded DNA-Binding Protein g5p with DNA Oligonucleotides Immobilized on a Gold Surface. *Chemical Physics Letters* 2012.

8 Verzeichnis der erfolgten Publikationen

Während der Bearbeitungszeit dieser Doktorarbeit sind 2 „Peer-Reviewed" Publikationen veröffentlicht worden, während sich eine weitere Publikation „under revision" befindet.

(i) Robert Wellhausen, Seitz, H., Facing Current Quantification Challenges in Protein Microarrays. *Journal of Biomedicine and Biotechnology* 2012, *2012*, 8. [79]

(ii) Solomun, T., Sturm, H., *et al.*, Interaction of a Single-Stranded DNA-Binding Protein g5p with DNA Oligonucleotides Immobilized on a Gold Surface. *Chemical Physics Letters* 2012.[80]

(iii) Robert Wellhausen, Seitz, H., Pitfalls and Payoffs in Relative Protein Quantification Using Protein Microarrays, *Analytical Biochemistry* (under revision)

(i) Der Review Artikel mit dem Titel „Facing Current Quantification Challenges in Protein Microarrays" stellt eine Übersicht zum aktuellen Stand der Technik dar. Während auf verschiedene Protein Microarrays eingegangen wird, liegt auch in diesem „Paper" das Hauptaugenmerk auf den Reverse Phase Protein Microarrays und den nötigen Schritten auf dem Weg zu einer erfolgreichen Quantifizierung von Proteinen. Neben der Literaturrecherche wurden in dieser Publikation auch einige meiner, in dieser Doktorarbeit gezeigten, Grafiken verwendet. Für dieses Paper war ich der federführende Autor.

(ii) Bei dem wissenschaftlichen Artikel mit dem Titel „Interaction of a Single-Stranded DNA-Binding Protein g5p with DNA Oligonucleotides Immobilized on a Gold Surface." handelt es sich um eine Veröffentlichung aus einer Zusammenarbeit mit der Bundesanstalt für Materialforschung und –prüfung (BAM). In dieser Arbeit wurde das Bindeverhalten des Proteins g5p an Einzelstrang DNA-Bindeproteine unter anderem mittels Biacore charakterisiert. Neben meiner Doktorarbeit habe ich diverse Biacore Messungen für die BAM durchgeführt. Die in diesem Artikel gezeigten Biacore Experimente sind alle vollständig von mir durchgeführt worden.

(iii) Der wissenschaftliche Artikel mit dem Titel „Pitfalls and Payoffs in Relative Protein Quantification Using Protein Microarrays" stellt die Gesamtheit meiner Doktorarbeit dar und soll mit einer Auswahl der hier gezeigten Ergebnisse veröffentlicht werden.

9 Lebenslauf

Der Lebenslauf ist in dieser Version aus Gründen des Datenschutzes nicht enthalten

10 Anhang

Im Anhang sind ausgewählte Daten zu den Experimenten aus Abbildung 50 und Abbildung 51 dargestellt. Bei diesen Daten handelt es sich um die Werte vor und nach der Normalisierung. Die Daten vor der Normalisierung wurden bereits um die Autofluoreszenz der Features und um den lokalen Hintergrund korrigiert. Alle dargestellten Werte, sind Mittelwerte aus n=5 mit entsprechender Standardabweichung. Die ebenfalls bestimmten Verdünnungen sind aufgeführt, jedoch der Übersicht halber nicht in den oben genannten Grafiken abgebildet.

Tabelle 24: Initiales Experiment; Rohdaten (FKS) zur Abbildung 50: Forskolin-Stimulierung von COS-7 Zellen über einen Zeitraum von 45 Minuten.

Name	nicht normalisiert n=5	SD	normalisiert	SDn
1:10 Anti Rabbit 532 [200ng/µl]	65501	1	65501	1
1:20 Anti Rabbit 532 [100ng/µl]	46563	7146	46563	7146
1:40 Anti Rabbit 532 [50ng/µl]	24616	3710	24616	3710
1:80 Anti Rabbit 532 [25ng/µl]	13280	3037	13280	3037
1:160 Anti Rabbit 532 [12ng/µl]	8496	1702	8496	1702
1:320 Anti Rabbit 532 [6ng/µl]	4615	954	4615	954
CREB		14	9	14	9
pCREB		43079	26249	43079	26249
1:2 FSK 0 Min 1		489	97	505	100
1:2 FSK 0 Min 2		382	42	554	61
1:10 FSK 0 Min 1		34	8	35	8
1:10 FSK 0 Min 2		25	11	37	17
1:20 FSK 0 Min 1		22	4	23	5
1:20 FSK 0 Min 2		16	5	23	7
1:40 FSK 0 Min 1		9	10	9	11
1:40 FSK 0 Min 2		25	7	37	11
1:80 FSK 0 Min 1		7	5	7	5
1:80 FSK 0 Min 2		5	6	7	8
1:2 FSK 1 Min 1		329	80	489	119
1:2 FSK 1 Min 2		257	71	438	121
1:10 FSK 1 Min 1		57	8	84	11
1:10 FSK 1 Min 2		47	12	81	20
1:20 FSK 1 Min 1		21	6	31	9
1:20 FSK 1 Min 2		19	2	33	3
1:40 FSK 1 Min 1		12	5	18	7
1:40 FSK 1 Min 2		12	3	20	5
1:80 FSK 1 Min 1		8	2	12	3
1:80 FSK 1 Min 2		8	8	14	13
1:2 FSK 5 Min 1		581	85	650	96
1:2 FSK 5 Min 2		285	276	503	488
1:10 FSK 5 Min 1		63	14	70	16
1:10 FSK 5 Min 2		68	11	120	19
1:20 FSK 5 Min 1		635	65	710	73
1:20 FSK 5 Min 2		34	4	59	7
1:40 FSK 5 Min 1		13	3	15	4
1:40 FSK 5 Min 2		13	4	23	6
1:80 FSK 5 Min 1		7	3	8	3
1:2 FSK 10 Min 1		658	68	725	75
1:2 FSK 10 Min 2		85	22	335	86
1:10 FSK 10 Min 1		63	11	69	13
1:10 FSK 10 Min 2		57	14	223	55

Name	nicht normalisiert n=5	SD	normalisiert	SDn
1:20 FSK 10 Min 1	30	4	33	4
1:20 FSK 10 Min 2	21	2	82	8
1:40 FSK 10 Min 1	22	6	24	6
1:80 FSK 10 Min 1	10	2	11	2
1:80 FSK 10 Min 2	5	1	19	3
1:2 FSK 15 Min 1	613	115	675	127
1:10 FSK 15 Min 1	62	22	68	24
1:20 FSK 15 Min 1	37	6	40	7
1:40 FSK 15 Min 1	16	4	17	4
1:80 FSK 15 Min 1	13	12	14	14
1:2 FSK 30 Min 1	579	74	769	98
1:2 FSK 30 Min 2	551	161	800	233
1:10 FSK 30 Min 1	70	19	93	26
1:10 FSK 30 Min 2	69	10	100	14
1:20 FSK 30 Min 1	41	4	54	6
1:20 FSK 30 Min 2	32	9	46	13
1:40 FSK 30 Min 1	17	2	23	3
1:40 FSK 30 Min 2	13	3	19	4
1:80 FSK 30 Min 1	8	3	11	4
1:80 FSK 30 Min 2	11	3	17	4
1:2 FSK 45 Min 1	202	53	302	79
1:2 FSK 45 Min 2	414	63	646	98
1:10 FSK 45 Min 1	32	5	48	7
1:10 FSK 45 Min 2	84	9	131	14
1:20 FSK 45Min 1	19	14	28	21
1:20 FSK 45Min 2	35	7	54	11
1:40 FSK 45 Min 1	11	3	16	4
1:40 FSK 45 Min 2	16	4	26	6
1:80 FSK 45 Min 1	11	3	17	5
1:80 FSK 45 Min 2	8	3	12	5
1:2 FSK 60 Min 2	365	207	507	288
1:10 FSK 60 Min 1	70	21	70	21
1:10 FSK 60 Min 2	129	12	179	17
1:20 FSK 60Min 1	28	16	28	16
1:20 FSK 60Min 2	59	11	82	15
1:40 FSK 60 Min 1	15	3	15	3
1:40 FSK 60 Min 2	30	13	41	18
1:80 FSK 60 Min 1	6	5	9	8
1:80 FSK 60 Min 2	7	4	11	6
1:2 FSK 120 Min 2	157	45	350	100
1:10 FSK 120 Min 1	68	7	71	8
1:10 FSK 120 Min 2	5	9	12	19
1:20 FSK 120 Min 1	39	9	40	9

Name	nicht normalisiert n=5	SD	normalisiert	SDn
1:20 FSK 120 Min 2	57	15	128	34
1:40 FSK 120 Min 1	18	3	19	3
1:40 FSK 120 Min 2	31	8	70	19
1:80 FSK 120 Min 1	8	4	8	4
1:80 FSK 120 Min 2	10	11	23	26

Tabelle 25: Initiales Experiment; Rohdaten (Iso) zur Abbildung 51: Isoproterenol Stimulierung von COS-7 Zellen über einen Zeitraum von 45 Minuten.

Name	nicht normalisiert n=5	SD	normalisiert	SDn
1:10 Anti Rabbit 532 [200ng/µl]	65501	1	65501	1
1:20 Anti Rabbit 532 [100ng/µl]	46563	7146	46563	7146
1:40 Anti Rabbit 532 [50ng/µl]	24616	3710	24616	3710
1:80 Anti Rabbit 532 [25ng/µl]	13280	3037	13280	3037
1:160 Anti Rabbit 532 [12ng/µl]	8496	1702	8496	1702
1:320 Anti Rabbit 532 [6ng/µl]	4615	954	4615	954
CREB	14	9	14	9
pCREB	43079	26249	43079	2624 9
1:2 ISO 0 Min 1	337	71	529	111
1:2 ISO 0 Min 2	251	55	404	88
1:10 ISO 0 Min 1	25	1	40	1
1:10 ISO 0 Min 2	33	7	52	10
1:20 ISO 0 Min 1	14	4	22	6
1:20 ISO 0 Min 2	15	2	24	4
1:40 ISO 0 Min 1	6	3	10	4
1:40 ISO 0 Min 2	6	4	9	7
1:80 ISO 0 Min 1	7	4	11	6
1:80 ISO 0 Min 2	5	4	9	7
1:2 ISO 1 Min 1	634	115	634	115
1:2 ISO 1 Min 2	227	30	481	64
1:10 ISO 1 Min 1	49	7	49	7
1:10 ISO 1 Min 2	1	3	2	6
1:20 ISO 1 Min 1	21	3	21	3
1:20 ISO 1 Min 2	16	9	34	19
1:40 ISO 1 Min 1	13	3	13	3
1:40 ISO 1 Min 2	2	7	5	15
1:80 ISO 1 Min 1	8	4	8	4
1:80 ISO 1 Min 2	7	2	14	5
1:2 ISO 5 Min 1	679	95	765	106
1:2 ISO 5 Min 2	123	28	417	95
1:10 ISO 5 Min 1	47	7	53	8
1:10 ISO 5 Min 2	42	7	142	23
1:20 ISO 5 Min 1	20	4	22	5
1:20 ISO 5 Min 2	28	5	95	15
1:40 ISO 5 Min 2	15	2	51	8
1:80 ISO 5 Min 2	5	4	18	12
1:2 ISO 10 Min 1	582	53	752	69
1:10 ISO 10 Min 1	54	21	70	27
1:10 ISO 10 Min 2	50	6	83	10
1:20 ISO 10 Min 1	24	4	31	5

Name	nicht normalisiert n=5	SD	normalisiert	SDn
1:20 ISO 10 Min 2	23	6	38	10
1:40 ISO 10 Min 1	12	4	16	5
1:40 ISO 10 Min 2	10	4	16	6
1:80 ISO 10 Min 1	9	4	11	5
1:2 ISO 15 Min 1	560	96	679	116
1:10 ISO 15 Min 1	67	8	81	10
1:20 ISO 15 Min 1	22	14	26	17
1:40 ISO 15 Min 1	7	12	9	14
1:80 ISO 15 Min 1	6	2	7	3
1:2 ISO 30 Min 1	705	83	863	101
1:2 ISO 30 Min 2	633	100	871	138
1:10 ISO 30 Min 1	76	9	94	11
1:10 ISO 30 Min 2	98	15	135	20
1:20 ISO 30 Min 1	37	5	45	6
1:20 ISO 30 Min 2	14	4	22	6
1:40 ISO 30 Min 1	21	5	26	6
1:40 ISO 30 Min 2	27	4	37	6
1:80 ISO 30 Min 1	8	3	9	4
1:80 ISO 30 Min 2	14	3	20	5
1:2 ISO 45 Min 1	645	126	795	156
1:2 ISO 45 Min 2	619	86	908	126
1:10 ISO 45 Min 1	53	6	66	8
1:10 ISO 45 Min 2	71	15	104	22
1:20 ISO 45Min 1	21	7	26	8
1:20 ISO 45Min 2	30	8	45	12
1:40 ISO 45 Min 1	14	4	17	5
1:40 ISO 45 Min 2	15	3	23	4
1:80 ISO 45 Min 1	8	6	10	7
1:80 ISO 45 Min 2	9	1	13	2
1:2 ISO 60 Min 1	366	77	483	102
1:2 ISO 60 Min 2	651	103	882	140
1:10 ISO 60 Min 1	62	8	83	11
1:10 ISO 60 Min 2	83	24	112	32
1:20 ISO 60Min 1	36	12	48	16
1:20 ISO 60Min 2	35	8	47	11
1:40 ISO 60 Min 1	14	7	18	9
1:40 ISO 60 Min 2	19	7	26	9
1:80 ISO 60 Min 2	9	4	13	6
1:2 ISO 120 Min 1	532	91	571	98
1:2 ISO 120 Min 2	35	26	35	26
1:10 ISO 120 Min 2	87	11	87	11
1:20 ISO 120 Min 1	22	3	24	3
1:20 ISO 120 Min 2	42	7	42	7

Name	nicht normalisiert n=5	SD	normalisiert	SDn
1:40 ISO 120 Min 1	11	1	11	1
1:40 ISO 120 Min 2	22	4	22	4
1:80 ISO 120 Min 1	8	5	8	5
1:80 ISO 120 Min 2	12	3	12	3

Tabelle 26: Experiment nach 8 Wochen; Rohdaten (FSK) zur Abbildung 50: Forskolin-Stimulierung von COS-7 Zellen über einen Zeitraum von 45 Minuten.

Name	nicht normalisiert n=5	SD	normalisiert	SDn
1:10 Anti Rabbit 532 [200ng/µl]	50607	12951	50607	12951
1:20 Anti Rabbit 532 [100ng/µl]	27493	3549	27493	3549
1:40 Anti Rabbit 532 [50ng/µl]	16204	2319	16204	2319
1:80 Anti Rabbit 532 [25ng/µl]	9613	551	9613	551
1:160 Anti Rabbit 532 [12ng/µl]	5670	1000	5670	1000
1:320 Anti Rabbit 532 [6ng/µl]	2788	184	2788	184
CREB		0	3	0	5
pCREB		33776	12646	33776	12646
1:2 FSK 0 Min 1	73	103	129	181
1:2 FSK 0 Min 2	302	34	457	51
1:10 FSK 0 Min 1	34	6	59	11
1:10 FSK 0 Min 2	31	5	47	7
1:20 FSK 0 Min 1	24	4	43	8
1:20 FSK 0 Min 2	17	5	25	7
1:40 FSK 0 Min 1	8	5	15	8
1:40 FSK 0 Min 2	7	3	11	5
1:80 FSK 0 Min 1	15	14	27	25
1:80 FSK 0 Min 2	6	4	9	6
1:2 FSK 1 Min 1	429	117	668	182
1:2 FSK 1 Min 2	282	15	503	27
1:10 FSK 1 Min 1	39	8	60	13
1:10 FSK 1 Min 2	37	7	65	12
1:20 FSK 1 Min 1	17	8	27	12
1:20 FSK 1 Min 2	21	2	38	3
1:40 FSK 1 Min 1	10	11	16	17
1:40 FSK 1 Min 2	5	11	10	20
1:80 FSK 1 Min 1	9	10	14	16
1:80 FSK 1 Min 2	16	13	28	24
1:2 FSK 5 Min 1	304	43	509	72
1:2 FSK 5 Min 2	260	36	425	59
1:10 FSK 5 Min 1	39	12	66	20
1:10 FSK 5 Min 2	47	13	76	21
1:20 FSK 5 Min 1	21	12	34	20
1:20 FSK 5 Min 2	18	8	30	13
1:40 FSK 5 Min 1	14	12	24	20
1:40 FSK 5 Min 2	16	15	27	25
1:80 FSK 5 Min 1	5	10	8	17
1:2 FSK 10 Min 1	343	34	634	63
1:2 FSK 10 Min 2	164	46	309	87
1:10 FSK 10 Min 1	33	6	61	11
1:10 FSK 10 Min 2	47	35	89	66

Name	nicht normalisiert n=5	SD	normalisiert	SDn
1:20 FSK 10 Min 1	23	10	42	19
1:20 FSK 10 Min 2	35	13	66	25
1:40 FSK 10 Min 1	6	9	11	16
1:80 FSK 10 Min 1	21	14	38	26
1:80 FSK 10 Min 2	11	7	20	12
1:2 FSK 15 Min 1	354	55	629	97
1:10 FSK 15 Min 1	48	25	85	44
1:20 FSK 15 Min 1	32	5	57	8
1:40 FSK 15 Min 1	14	5	24	8
1:80 FSK 15 Min 1	10	7	18	13
1:2 FSK 30 Min 1	316	95	634	190
1:2 FSK 30 Min 2	302	134	459	203
1:10 FSK 30 Min 1	58	9	117	18
1:10 FSK 30 Min 2	3	7	4	11
1:20 FSK 30 Min 1	23	23	46	47
1:20 FSK 30 Min 2	2	5	4	8
1:40 FSK 30 Min 1	11	9	22	18
1:40 FSK 30 Min 2	4	6	6	10
1:80 FSK 30 Min 1	19	7	38	15
1:80 FSK 30 Min 2	8	6	12	10
1:2 FSK 45 Min 1	256	40	437	68
1:2 FSK 45 Min 2	366	97	521	138
1:10 FSK 45 Min 1	57	28	97	48
1:10 FSK 45 Min 2	52	7	73	10
1:20 FSK 45Min 1	33	13	56	22
1:20 FSK 45Min 2	70	93	99	133
1:40 FSK 45 Min 1	21	2	37	4
1:40 FSK 45 Min 2	18	7	25	10
1:80 FSK 45 Min 1	7	8	12	13
1:80 FSK 45 Min 2	8	13	11	18
1:2 FSK 60 Min 2	412	171	412	171
1:10 FSK 60 Min 1	47	4	84	8
1:10 FSK 60 Min 2	70	12	136	23
1:20 FSK 60Min 1	24	8	24	8
1:20 FSK 60Min 2	36	8	36	8
1:40 FSK 60 Min 1	13	5	13	5
1:40 FSK 60 Min 2	21	7	21	7
1:80 FSK 60 Min 1	16	10	16	10
1:80 FSK 60 Min 2	2	3	2	3
1:2 FSK 120 Min 2	305	31	388	40
1:10 FSK 120 Min 1	35	7	56	11
1:10 FSK 120 Min 2	68	17	87	22
1:20 FSK 120 Min 1	21	10	34	16

Name	nicht normalisiert n=5	SD	normalisiert	SDn
1:20 FSK 120 Min 2	49	9	62	12
1:40 FSK 120 Min 1	15	12	24	19
1:40 FSK 120 Min 2	21	7	26	9
1:80 FSK 120 Min 1	4	4	7	7
1:80 FSK 120 Min 2	13	1	16	2

Tabelle 27: Experiment nach 8 Wochen; Rohdaten (Iso) zur Abbildung 51: Isoproterenol Stimulierung von COS-7 Zellen über einen Zeitraum von 45 Minuten.

Name	nicht normalisiert n=5	SD	normalisiert	SDn
1:10 Anti Rabbit 532 [200ng/µl]	50607	12951	50607	12951
1:20 Anti Rabbit 532 [100ng/µl]	27493	3549	27493	3549
1:40 Anti Rabbit 532 [50ng/µl]	16204	2319	16204	2319
1:80 Anti Rabbit 532 [25ng/µl]	9613	551	9613	551
1:160 Anti Rabbit 532 [12ng/µl]	5670	1000	5670	1000
1:320 Anti Rabbit 532 [6ng/µl]	2788	184	2788	184
CREB	0	3	0	5
pCREB	33776	12646	33776	12646
1:2 ISO 0 Min 1	257	34	455	60
1:2 ISO 0 Min 2	202	16	395	30
1:10 ISO 0 Min 1	23	3	37	6
1:10 ISO 0 Min 2	25	4	62	10
1:20 ISO 0 Min 1	11	3	20	6
1:20 ISO 0 Min 2	9	5	18	9
1:40 ISO 0 Min 1	11	4	20	7
1:40 ISO 0 Min 2	9	5	18	10
1:80 ISO 0 Min 1	2	3	2	3
1:80 ISO 0 Min 2	14	19	25	33
1:2 ISO 1 Min 1	317	74	511	120
1:2 ISO 1 Min 2	159	58	390	141
1:10 ISO 1 Min 1	46	5	83	9
1:10 ISO 1 Min 2	15	8	26	13
1:20 ISO 1 Min 1	23	6	37	9
1:20 ISO 1 Min 2	9	2	21	6
1:40 ISO 1 Min 1	15	5	24	7
1:40 ISO 1 Min 2	6	8	14	20
1:80 ISO 1 Min 1	-3	5	-5	10
1:80 ISO 1 Min 2	61	126	99	203
1:2 ISO 5 Min 1	434	51	731	86
1:2 ISO 5 Min 2	339	53	616	96
1:10 ISO 5 Min 1	47	15	82	26
1:10 ISO 5 Min 2	39	5	71	10
1:20 ISO 5 Min 1	25	13	42	22
1:20 ISO 5 Min 2	19	5	35	9
1:40 ISO 5 Min 1	13	8	22	13
1:40 ISO 5 Min 2	11	7	20	14
1:80 ISO 5 Min 1	5	6	8	11
1:80 ISO 5 Min 2	13	30	21	51
1:2 ISO 10 Min 1	352	107	632	193
1:2 ISO 10 Min 2	349	83	611	145

Name	nicht normalisiert n=5	SD	normalisiert	SDn
1:10 ISO 10 Min 1	46	28	76	46
1:10 ISO 10 Min 2	33	13	33	13
1:20 ISO 10 Min 1	26	7	47	12
1:20 ISO 10 Min 2	19	6	33	11
1:40 ISO 10 Min 2	9	7	15	12
1:80 ISO 10 Min 1	7	6	17	14
1:80 ISO 10 Min 2	9	5	17	9
1:2 ISO 15 Min 1	357	53	749	112
1:10 ISO 15 Min 1	36	10	58	16
1:20 ISO 15 Min 1	10	10	22	20
1:40 ISO 15 Min 1	10	4	20	8
1:80 ISO 15 Min 1	6	7	6	7
1:2 ISO 30 Min 1	339	107	691	218
1:2 ISO 30 Min 2	253	114	413	185
1:10 ISO 30 Min 1	22	18	40	35
1:10 ISO 30 Min 2	62	7	104	13
1:20 ISO 30 Min 1	14	6	29	12
1:20 ISO 30 Min 2	11	3	20	6
1:40 ISO 30 Min 1	11	7	22	13
1:40 ISO 30 Min 2	21	12	34	19
1:80 ISO 30 Min 1	12	14	25	29
1:80 ISO 30 Min 2	12	9	24	18
1:2 ISO 45 Min 1	264	29	495	55
1:2 ISO 45 Min 2	285	144	481	244
1:10 ISO 45 Min 1	25	5	42	9
1:10 ISO 45 Min 2	59	14	107	25
1:20 ISO 45Min 1	8	10	15	19
1:20 ISO 45Min 2	27	12	45	21
1:40 ISO 45 Min 1	7	5	14	10
1:40 ISO 45 Min 2	20	8	34	14
1:80 ISO 45 Min 1	16	24	27	39
1:80 ISO 45 Min 2	12	5	23	9
1:2 ISO 60 Min 1	208	123	364	216
1:2 ISO 60 Min 2	297	122	447	184
1:10 ISO 60 Min 1	42	7	73	11
1:10 ISO 60 Min 2	42	6	64	9
1:20 ISO 60Min 1	20	13	35	23
1:20 ISO 60Min 2	17	10	25	15
1:40 ISO 60 Min 1	8	5	14	8
1:40 ISO 60 Min 2	9	9	13	13
1:80 ISO 60 Min 1	5	5	9	9
1:80 ISO 60 Min 2	8	8	14	14
1:2 ISO 120 Min 1	275	80	453	132

Name	nicht normalisiert n=5	SD	normalisiert	SDn
1:2 ISO 120 Min 2	9	16	9	16
1:10 ISO 120 Min 1	35	8	73	17
1:10 ISO 120 Min 2	44	12	89	25
1:20 ISO 120 Min 1	14	3	23	6
1:20 ISO 120 Min 2	21	17	21	17
1:40 ISO 120 Min 1	9	5	15	9
1:40 ISO 120 Min 2	23	30	23	30
1:80 ISO 120 Min 1	2	5	4	9
1:80 ISO 120 Min 2	3	7	6	12

Tabelle 28: Experiment nach 12 Wochen; Rohdaten (FSK) zur Abbildung 50: Forskolin-Stimulierung von COS-7 Zellen über einen Zeitraum von 45 Minuten.

Name	nicht normalisiert n=5	SD	normalisiert	SDn
1:10 Anti Rabbit 532 [200ng/µl]	5370	346	5370	346
1:20 Anti Rabbit 532 [100ng/µl]	3333	109	3333	109
1:40 Anti Rabbit 532 [50ng/µl]	667	32	667	32
1:80 Anti Rabbit 532 [25ng/µl]	246	22	246	22
1:160 Anti Rabbit 532 [12ng/µl]	75	20	75	20
1:320 Anti Rabbit 532 [6ng/µl]	3	0	3	0
CREB	2	3	2	3
pCREB	18886	2113	18886	2113
1:2 FSK 0 Min 1	73	2	104	3
1:2 FSK 0 Min 2	76	16	111	23
1:10 FSK 0 Min 1	3	1	3	1
1:10 FSK 0 Min 2	9	4	13	5
1:20 FSK 0 Min 1	1	1	1	1
1:20 FSK 0 Min 2	1096	136	1591	197
1:40 FSK 0 Min 1	0	1	0	1
1:40 FSK 0 Min 2	706	465	1025	675
1:80 FSK 0 Min 1	2	1	2	1
1:80 FSK 0 Min 2	-17	5	-25	7
1:2 FSK 1 Min 1	73	9	127	16
1:2 FSK 1 Min 2	100	18	143	26
1:10 FSK 1 Min 1	5	4	8	6
1:10 FSK 1 Min 2	11	4	19	7
1:20 FSK 1 Min 1	3	2	4	3
1:20 FSK 1 Min 2	2	1	4	2
1:40 FSK 1 Min 1	1	0	1	1
1:40 FSK 1 Min 2	0	1	1	2
1:80 FSK 1 Min 1	1	2	1	3
1:80 FSK 1 Min 2	0	1	1	2
1:2 FSK 5 Min 1	116	11	156	15
1:2 FSK 5 Min 2	119	15	179	23
1:10 FSK 5 Min 1	25	3	28	3
1:10 FSK 5 Min 2	14	3	25	6
1:20 FSK 5 Min 1	7	2	8	2
1:20 FSK 5 Min 2	4	1	7	3
1:40 FSK 5 Min 1	2	1	2	2
1:40 FSK 5 Min 2	1	1	1	2
1:80 FSK 5 Min 1	2	2	2	2
1:80 FSK 5 Min 2	1	2	2	3
1:2 FSK 10 Min 1	141	56	221	88
1:2 FSK 10 Min 2	83	11	135	17
1:10 FSK 10 Min 1	12	4	13	4

Name	nicht normalisiert n=5	SD	normalisiert	SDn
1:10 FSK 10 Min 2	18	3	72	13
1:20 FSK 10 Min 1	5	2	5	2
1:20 FSK 10 Min 2	4	1	17	3
1:40 FSK 10 Min 2	0	1	-2	2
1:80 FSK 10 Min 1	1	1	1	2
1:80 FSK 10 Min 2	0	0	-1	2
1:2 FSK 15 Min 1	113	10	175	15
1:10 FSK 15 Min 1	12	2	14	2
1:20 FSK 15 Min 1	3	2	3	2
1:40 FSK 15 Min 1	1	1	1	1
1:80 FSK 15 Min 1	0	2	0	2
1:2 FSK 30 Min 1	136	33	208	50
1:2 FSK 30 Min 2	1	1	5	6
1:10 FSK 30 Min 1	7	2	9	2
1:10 FSK 30 Min 2	1	2	1	3
1:20 FSK 30 Min 1	1	2	2	2
1:20 FSK 30 Min 2	-1	1	-1	1
1:40 FSK 30 Min 1	1	1	1	1
1:40 FSK 30 Min 2	0	0	0	1
1:80 FSK 30 Min 1	0	1	0	1
1:80 FSK 30 Min 2	0	1	0	1
1:2 FSK 45 Min 1	79	20	139	34
1:2 FSK 45 Min 2	88	7	167	14
1:10 FSK 45 Min 1	11	3	17	4
1:10 FSK 45 Min 2	1150	187	1793	292
1:20 FSK 45Min 1	-2	5	-2	7
1:20 FSK 45Min 2	-1042	490	-1626	765
1:40 FSK 45 Min 1	1	1	1	1
1:40 FSK 45 Min 2	-4	7	-6	11
1:80 FSK 45 Min 1	0	1	-1	1
1:80 FSK 45 Min 2	-2	2	-3	3
1:2 FSK 60 Min 2	136	21	176	27
1:10 FSK 60 Min 1	17	2	17	2
1:10 FSK 60 Min 2	15	2	20	3
1:20 FSK 60Min 1	6	3	6	3
1:20 FSK 60Min 2	5	2	7	3
1:40 FSK 60 Min 1	1	1	1	1
1:40 FSK 60 Min 2	1	2	1	2
1:80 FSK 60 Min 1	1	1	1	1
1:80 FSK 60 Min 2	1	2	1	3
1:2 FSK 120 Min 1	109	20	153	27
1:2 FSK 120 Min 2	100	19	107	20
1:10 FSK 120 Min 1	15	5	16	5

Name	nicht normalisiert n=5	SD	normalisiert	SDn
1:10 FSK 120 Min 2	14	3	31	6
1:20 FSK 120 Min 1	4	2	4	2
1:20 FSK 120 Min 2	2	1	5	3
1:40 FSK 120 Min 1	1	1	1	1
1:40 FSK 120 Min 2	0	1	0	2
1:80 FSK 120 Min 1	1	1	1	1
1:80 FSK 120 Min 2	0	1	-1	3

Tabelle 29: Experiment nach 12 Wochen; Rohdaten (Iso) zur Abbildung 51: Isoproterenol Stimulierung von COS-7 Zellen über einen Zeitraum von 45 Minuten.

Name	Mittelwert n=5	SD	normalisiert	SDn
1:10 Anti Rabbit 532 [200ng/µl]	5370	346	5370	346
1:20 Anti Rabbit 532 [100ng/µl]	3333	109	3333	109
1:40 Anti Rabbit 532 [50ng/µl]	667	32	667	32
1:80 Anti Rabbit 532 [25ng/µl]	246	22	246	22
1:160 Anti Rabbit 532 [12ng/µl]	75	20	75	20
1:320 Anti Rabbit 532 [6ng/µl]	3	0	3	0
CREB	2	3	2	3
pCREB	18886	2113	18886	2113
1:2 ISO 0 Min 1	93	20	124	27
1:2 ISO 0 Min 2	66	11	99	16
1:10 ISO 0 Min 1	4	2	6	3
1:10 ISO 0 Min 2	4	3	6	4
1:20 ISO 0 Min 1	3	2	5	2
1:20 ISO 0 Min 2	2	1	3	1
1:40 ISO 0 Min 1	1	1	2	2
1:40 ISO 0 Min 2	2	1	3	2
1:80 ISO 0 Min 1	1	2	1	3
1:80 ISO 0 Min 2	0	0	0	1
1:2 ISO 1 Min 1	128	24	155	29
1:2 ISO 1 Min 2	69	13	137	25
1:10 ISO 1 Min 1	15	3	15	3
1:10 ISO 1 Min 2	7	1	15	3
1:20 ISO 1 Min 1	5	2	5	2
1:20 ISO 1 Min 2	1	1	1	2
1:40 ISO 1 Min 1	1	1	1	1
1:40 ISO 1 Min 2	1	1	2	2
1:80 ISO 1 Min 1	2	3	2	3
1:80 ISO 1 Min 2	0	1	1	1
1:2 ISO 5 Min 1	128	36	190	53
1:2 ISO 5 Min 2	0	1	0	1
1:10 ISO 5 Min 1	14	2	15	2
1:10 ISO 5 Min 2	3	2	11	8
1:20 ISO 5 Min 1	4	2	4	2
1:20 ISO 5 Min 2	2	2	7	6
1:40 ISO 5 Min 1	3	2	3	2
1:40 ISO 5 Min 2	0	1	0	4
1:80 ISO 5 Min 1	-4	4	-4	4
1:80 ISO 5 Min 2	1	1	3	3
1:2 ISO 10 Min 1	115	9	171	14
1:2 ISO 10 Min 2	128	11	211	18

Name	nicht normalisiert n=5	SD	normalisiert	SDn
1:10 ISO 10 Min 1	16	2	20	3
1:10 ISO 10 Min 2	5	3	8	5
1:20 ISO 10 Min 1	7	2	9	2
1:20 ISO 10 Min 2	1	1	1	2
1:40 ISO 10 Min 1	1	1	2	2
1:40 ISO 10 Min 2	1	1	1	1
1:80 ISO 10 Min 1	4	2	5	2
1:80 ISO 10 Min 2	1	2	2	4
1:2 ISO 15 Min 1	106	28	194	52
1:10 ISO 15 Min 1	11	3	13	3
1:20 ISO 15 Min 1	4	2	5	3
1:40 ISO 15 Min 1	3	3	3	3
1:80 ISO 15 Min 1	0	1	0	2
1:2 ISO 30 Min 1	131	14	198	21
1:2 ISO 30 Min 2	0	8	0	8
1:10 ISO 30 Min 1	12	2	14	3
1:10 ISO 30 Min 2	-786	880	-1081	1211
1:20 ISO 30 Min 1	3	2	4	2
1:20 ISO 30 Min 2	3	2	5	2
1:40 ISO 30 Min 1	2	3	2	4
1:40 ISO 30 Min 2	0	1	-1	1
1:80 ISO 30 Min 1	1	1	1	1
1:80 ISO 30 Min 2	0	1	1	1
1:2 ISO 45 Min 1	120	4	171	6
1:2 ISO 45 Min 2	137	22	206	32
1:10 ISO 45 Min 1	7	3	9	4
1:10 ISO 45 Min 2	8	3	12	5
1:20 ISO 45Min 1	2	1	3	1
1:20 ISO 45Min 2	1	1	1	2
1:40 ISO 45 Min 1	1	2	1	2
1:40 ISO 45 Min 2	0	1	0	1
1:80 ISO 45 Min 1	1	1	1	1
1:80 ISO 45 Min 2	1	1	2	1
1:2 ISO 60 Min 1	124	20	178	29
1:2 ISO 60 Min 2	129	8	183	11
1:10 ISO 60 Min 1	17	4	22	6
1:10 ISO 60 Min 2	5	2	7	2
1:20 ISO 60Min 1	5	3	7	4
1:20 ISO 60Min 2	1	1	2	2
1:40 ISO 60 Min 1	1	2	2	2
1:40 ISO 60 Min 2	1	2	1	3
1:80 ISO 60 Min 1	1	1	2	1
1:80 ISO 60 Min 2	1	1	1	2

Name	nicht normalisiert n=5	SD	normalisiert	SDn
1:2 ISO 120 Min 1	100	15	147	22
1:2 ISO 120 Min 2	118	24	118	24
1:10 ISO 120 Min 1	10	4	10	4
1:10 ISO 120 Min 2	20	6	20	6
1:20 ISO 120 Min 1	4	2	4	2
1:20 ISO 120 Min 2	7	1	7	1
1:40 ISO 120 Min 1	1	1	1	1
1:40 ISO 120 Min 2	3	2	3	2
1:80 ISO 120 Min 1	0	1	0	1
1:80 ISO 120 Min 2	1	1	1	1

i want morebooks!

Buy your books fast and straightforward online - at one of world's fastest growing online book stores! Environmentally sound due to Print-on-Demand technologies.

Buy your books online at
www.get-morebooks.com

Kaufen Sie Ihre Bücher schnell und unkompliziert online – auf einer der am schnellsten wachsenden Buchhandelsplattformen weltweit! Dank Print-On-Demand umwelt- und ressourcenschonend produziert.

Bücher schneller online kaufen
www.morebooks.de

VDM Verlagsservicegesellschaft mbH
Heinrich-Böcking-Str. 6-8
D - 66121 Saarbrücken

Telefon: +49 681 3720 174
Telefax: +49 681 3720 1749

info@vdm-vsg.de
www.vdm-vsg.de

Printed by Books on Demand GmbH, Norderstedt / Germany